U0544747

不設限・三明治

17家麵包坊＆三明治專賣店

獨創食譜
135

瑞昇文化

シュークルート
鶏キャベツ＆
漬け栗豚カツ
¥700

自家製 栗豚ベーコン
＆青リンゴ＆
¥700

前言

日本的三明治正邁入獨特的進化史。街道上的麵包店或三明治專賣店，陳列著許多其他國家所沒有，多元且豐富的三明治。使用的麵包從吐司到長棍麵包、可頌、布里歐麵包、店家自製的酵母麵包，種類繁多。使用的餡料也是各式各樣。肉類三明治有雞肉、牛肉、豬肉，乃至羊肉、鴨肉。海鮮類除了最經典的鮪魚和鮭魚之外，還有鮮蝦、章魚、干貝和牡蠣……。另一方面，完全不使用動物性食材的素食三明治也十分受歡迎。還有夾著法國血腸或鵝肝等高級食材，宛如法國料理般的特製口味。也有越來越多店家自製作為味覺關鍵的醬料。

三明治使用的麵包也好、搭配的餡料也罷，全都沒有制式的規定。憑藉著個人的創意，就能製作出只此一家、別無分號的全新三明治。這就是三明治的魅力。本書介紹當今火紅的麵包坊和三明治專賣店，共計17家店135種三明治，同時隨附上詳細的食譜。請透過各家店的獨特食譜，解讀出當前的三明治趨勢。

Contents

雞蛋、雞肉三明治

- 012　雞油菇、韭菜和半熟蛋　　Blanc à la maison
- 013　雞蛋三明治　　BEAVER BREAD
- 014　厚煎蛋　　pain stock
- 015　生火腿雞蛋香醋三明治　& TAKANO PAIN
- 016　整顆雞蛋！爆漿可頌　　Pain KARATO Boulangerie Cafe
- 017　大山火腿雞蛋三明治 紅酒醋風味　Pain KARATO Boulangerie Cafe
- 018　紀州厚煎蛋培根佛卡夏三明治　Bakery Tick Tack
- 020　鹽檸檬雞和酪梨三明治　Sandwich & Co.
- 021　鹽檸檬雞和雞蛋三明治 半份　Sandwich & Co.
- 022　自製煙燻雞肉和酪梨佐凱撒醬　THE ROOTS neighborhood bakery
- 023　假日辣雞肉三明治　& TAKANO PAIN
- 024　菜花、豆腐雞肉和磨菇的三明治　CICOUTE BAKERY
- 026　羅勒雞肉＆涼拌胡蘿蔔絲　& TAKANO PAIN
- 028　涼拌高麗菜絲　pain stock
- 029　烤雞和日本圓茄＆艾曼達乳酪　Craft Sandwich
- 030　照燒雞肉　pain stock
- 032　照燒雞肉和雞蛋沙拉三明治　Bakery Tick Tack
- 034　雞肉＆花生椰奶醬　33 (San ju san)
- 036　泰式烤雞三明治　Bakehouse Yellowknife
- 038　牙買加煙燻烤雞三明治　THE ROOTS neighborhood bakery
- 040　羯茶雞　pain stock
- 042　首爾　pain stock
- 044　牙買加　pain stock
- 045　自製唐多里烤雞佛卡夏三明治　Pain KARATO Boulangerie Cafe

牛肉、豬肉、其他肉類的三明治

- 048　烤牛肉＆舞茸　Craft Sandwich
- 049　烤牛肉＆柳橙　33 (San ju san)
- 050　自製烤豬與八朔、茼蒿、核桃棒三明治　gruppetto
- 051　BTM三明治　Sandwich & Co.
- 052　烤豬與舞茸香草　Sandwich & Co.
- 053　叉燒與蔥油水煮蛋三明治　Sandwich & Co.
- 054　酸黃瓜與鹽豬三明治　THE ROOTS neighborhood bakery
- 055　阿爾薩斯酸菜＆鹽漬栗飼豬　33 (San ju san)
- 056　豬肉蛋堡　gruppetto

058	古巴三明治	Bakehouse Yellowknife
059	台灣漢堡	gruppetto
060	滷肉麵包	THE ROOTS neighborhood bakery
062	合鴨與無花果紅酒醬	Chapeau de paille
064	合鴨與深谷蔥抹醬三明治佐照燒紅酒醬	BAKERY HANABI
065	鴨＆義大利香醋草莓醬	33（San ju san）
066	瞬間燻製鴨肉與柑橘三明治	Bakery Tick Tack
067	羊肉串佐平葉洋香菜與比利時武士醬	Blanc à la maison

內臟肉、熟食冷肉的三明治

069	越式法國麵包	& TAKANO PAIN
070	肝醬三明治	CICOUTE BAKERY
072	石榴醬煮雞肝＆松子	Craft Sandwich
074	法式熟肉醬	saint de gourmand
076	法式熟肉醬和烤蔬菜	MORETHAN BAKERY
078	法式鵝肝醬麋和賓櫻桃	Blanc à la maison
080	法國血腸和白桃	Blanc à la maison
082	布利乳酪和自製火腿	Chapeau de paille
083	自製火腿和剛堤起司	Chapeau de paille
084	抹醬三明治	saint de gourmand
085	ARTIGIANO	Sandwich & Co.
086	火腿、煎櫛瓜＆布瑞達起司＆開心果莎莎	Craft Sandwich
087	生火腿和烤葡萄＆瑞可塔起司	Craft Sandwich
088	用自製肉醬、調味火腿蔬菜製成的『長棍三明治』	Pain KARATO Boulangerie Cafe
090	米蘭假期三明治	& TAKANO PAIN
091	燻牛肉坎帕涅三明治	& TAKANO PAIN
092	西班牙三明治	pain stock
093	厚切培根	pain stock
094	自製培根和菠菜的義大利煎蛋佐普羅旺斯橄欖醬	THE ROOTS neighborhood bakery
096	自製栗飼豬培根＆青蘋果＆萊姆	33（San ju san）

海鮮三明治

098　富山產鰤魚的麥香魚佐酪梨、
　　 小黃瓜和蟹肉的塔塔醬　　Blanc à la maison

100　金山寺味噌與塔塔魚三明治
　　　　　　　　　　　　　　Bakery Tick Tack

102　辣魚三明治　　　　Bakehouse Yellowknife

104　Chapeau de paille風格的
　　 鯖魚三明治　　　　　　　Chapeau de paille

106　照燒鯖魚佐古岡左拉起司醬
　　　　　　　　　　　　　　Blanc à la maison

107　柳橙鯖魚三明治　Pain KARATO Boulangerie Cafe

108　香煎昆布醃鯖魚　　　　　33（San ju san）

110　鮮蝦、酪梨佐雞蛋粉紅醬
　　　　　　　　　　　　　　Chapeau de paille

112　鮮蝦芫荽三明治　　　　& TAKANO PAIN

114　鮮蝦越式法國麵包
　　　　　　　　　　THE ROOTS neighborhood bakery

115　蒜蓉蝦　　　　THE ROOTS neighborhood bakery

116　鮮蝦美乃滋三明治　　Bakehouse Yellowknife

117　章魚和鮮豔蔬菜×二郎
　　 OSABORI醬的塔丁　　　　　　　gruppetto

118　煙燻鮭魚和酪梨　　　　BEAVER BREAD

120　鮭魚醬　　　　　　　　Craft Sandwich

121　干貝與煙燻鮭魚的可頌三明治
　　　　　　　　　　　　　　BAKERY HANABI

122　米蘭扇貝排與蔬菜的熱壓三明治
　　　　　　　　　　Pain KARATO Boulangerie Cafe

124　大地盛開的花　Pain KARATO Boulangerie Cafe

126　大量鯷仔魚與櫛瓜的
　　 辣椒開放式三明治　　　BAKERY HANABI

127　巨型磨菇和牡蠣的白醬
　　 開放式三明治　　　　　BAKERY HANABI

128　牡蠣＆毛豆醬＆羅勒　　33（San ju san）

130　麻婆牡蠣　　　　　　Blanc à la maison

131　茄子鮪魚三明治　　　& TAKANO PAIN

132　季節蔬菜和鮪魚的義式溫沙拉
　　　　　　　　　　THE ROOTS neighborhood bakery

133　鮪魚、雞蛋、小黃瓜的三明治
　　　　　　　　　　　　　　Chapeau de paille

134　鮪魚拉可雷特起司　　BEAVER BREAD

以蔬菜為主的三明治

- 136　鷹嘴豆泥貝果三明治　MORETHAN BAKERY
- 138　舞茸和鷹嘴豆泥的湘南洛代夫三明治　CICOUTE BAKERY
- 140　酪梨起司三明治　MORETHAN BAKERY
- 141　素食三明治　Bakehouse Yellowknife
- 142　油炸鷹嘴豆餅三明治　Bakehouse Yellowknife
- 144　雙色櫛瓜和莫札瑞拉起司的洛斯提克三明治　CICOUTE BAKERY
- 146　醃漬菇菇三明治　CICOUTE BAKERY
- 147　小黃瓜和白乳酪的三明治　CICOUTE BAKERY
- 148　VEGAN烤蔬菜三明治　MORETHAN BAKERY
- 149　烤蔬菜和菲達起司＆卡拉馬塔黑橄欖　Craft Sandwich
- 150　Tic.Tac三明治（季節蔬菜和煙燻培根三明治）　Bakery Tick Tack
- 151　菲達起司可頌三明治　gruppetto

家常菜三明治

- 154　法式三明治　saint de gourmand
- 156　普羅旺斯雜燴和培根＆剛堤起司的法式三明治　Craft Sandwich
- 158　蘋果和鯖魚魚漿的法式三明治　THE ROOTS neighborhood bakery
- 160　法式三明治　Bakery Tick Tack
- 161　塔塔炸蝦的焗烤熱狗　Bakery Tick Tack
- 162　羊肉燒賣的越式法國麵包　gruppetto
- 163　番茄燉黑毛和牛牛大腸的寬麵條　gruppetto
- 164　台式炒麵麵包　BEAVER BREAD
- 165　倉州牛可樂餅三明治　BEAVER BREAD
- 166　VEGAN可樂餅漢堡　MORETHAN BAKERY
- 167　肉丸三明治　Bakehouse Yellowknife
- 168　美味三色三明治　BAKERY HANABI
- 169　牛蒡肉捲長條麵包三明治　BAKERY HANABI
- 170　菠菜和炒金平三明治 芥末香　Pain KARATO Boulangerie Cafe
- 171　雞肉丸和炒金平三明治　Bakehouse Yellowknife
- 172　法式鹹派　saint de gourmand
- 173　藍帶　saint de gourmand

174	藍帶、皺葉甘藍、法式多蜜醬汁
	Blanc à la maison

水果 & 甜點三明治

176	草莓和發泡鮮奶油	Sandwich & Co.
177	香蕉和馬斯卡彭起司	Sandwich & Co.
178	VEGAN水果三明治	MORETHAN BAKERY
179	VEGAN AB&J	MORETHAN BAKERY
180	有機香蕉和bocchi花生醬和瑞可塔起司的三明治	CICOUTE BAKERY
181	小顆粒草莓和bocchi花生醬抹醬麵包	CICOUTE BAKERY
182	草莓和非烘焙起司	BEAVER BREAD
183	瀨戶香柑和大吉嶺	BEAVER BREAD
184	提拉米蘇貝果三明治	MORETHAN BAKERY
185	石板街巧克力甜瓜	gruppetto
186	自製榛果可可醬、鮮奶油、草莓	Chapeau de paille
187	罪惡的三明治	33（San ju san）
188	水果牡丹餅三明治	BAKERY HANABI
189	紅豆奶油	BEAVER BREAD
190	法式水果三明治	BAKERY HANABI
192	自製冰淇淋三明治	saint de gourmand
193	藍紋起司和蜂蜜、核桃	Chapeau de paille
194	糖漬蘋果、紅酒煮無花果、古岡左拉起司和香草沙拉的佛卡夏三明治	Bakery Tick Tack

196	採訪店一覽
200	店鋪類別索引

使用本書之前

本書依照三明治的餡料類別進行章節的編排。假設一種三明治裡面分別使用了雞蛋、火腿和番茄等多種食材時，就依照主餡料（主角）進行分類。

三明治的名稱依各店的菜單名稱進行刊載。另外，麵包和食材等名稱，依取材店家使用的名稱為準。

材料表的材料依照烹調作業中使用的順序進行刊載。各食材的份量依各店家的製作方法，標記比較容易製作的份量。一部分的材料份量則省略刊載。

份量的單位是，1小匙＝5ml、1大匙＝15ml。

奶油基本上使用無鹽奶油。

火侯和烹調時間等僅供參考。請依照使用爐具的火力或性能適當調整。

食譜和取材店家的資訊皆為取材當時（2023年8月）之資訊。

本書有一部分內容是再次收錄自，本公司發行的MOOK「cafe-sweets vol.207（2021年8月～9月號）」的收錄內容。

雞蛋、雞肉
三明治

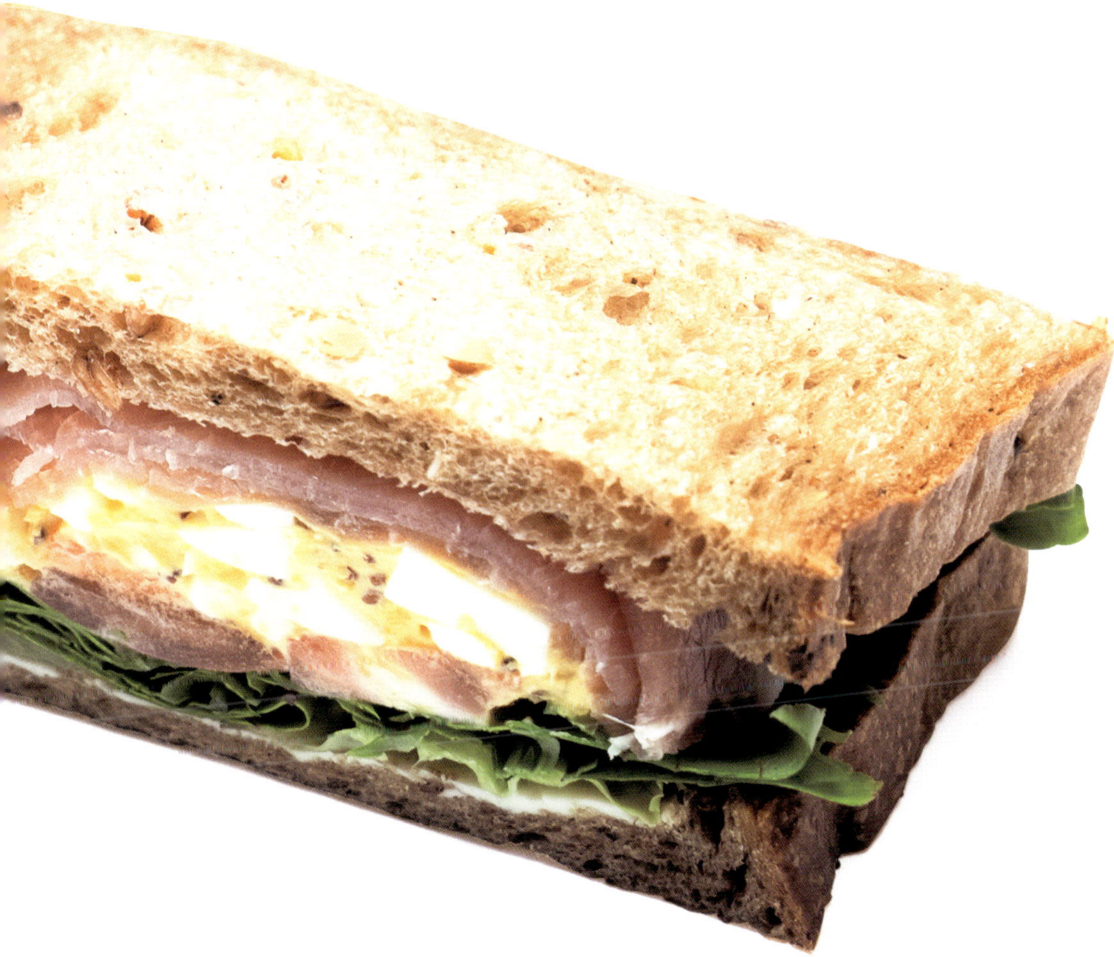

Blanc à la maison

ブラン ア ラ メゾン

雞油菇、韭菜和半熟蛋

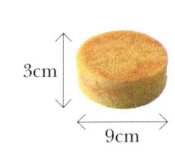

使用的麵包
英式瑪芬

3cm × 9cm

以熊本縣產的南之香為主體,再搭配上全麥麵粉,加入對比麵團82%的生啤酒代替水,以及碎玉米湯種,然後再用葡萄乾酵母和微量的酵母進行發酵。重點在於撒在表面的芳醇碎玉米和啤酒花的苦味及香氣。

雞蛋、雞肉三明治

雞油菇和培根、韭菜炒雞蛋

使用春天盛產的雞油菇,再加上韭菜和培根製成的炒雞蛋,充滿季節感的三明治。因為雞油菇和炒雞蛋都帶有濕潤口感,所以麵包就利用碎玉米製作出芳香口感和風味,一口咬下就能同時感受到複雜的美味。

材料
英式瑪芬……1個
雞油菇和培根韭菜炒雞蛋*1
……60g

*1 雞油菇和培根韭菜炒雞蛋
雞油菇……20g
韭菜……5g
雞蛋……2個
鮮奶油(乳脂肪含量35%)
……5g
帕馬森乾酪……適量
鹽巴……適量
培根……10g
沙拉油、奶油……適量

1 把雞油菇切成1/4。韭菜也切成相同長度。
2 雞蛋打散,加入鮮奶油、帕馬森乾酪、鹽巴混拌。加入切成適當大小的培根和1的雞油菇。
3 沙拉油和奶油放進平底鍋加熱,倒入韭菜拌炒。
4 2倒進3裡面,製作炒雞蛋。呈現半熟後,關火,放涼。

製作方法
1 從側面切開麵包,夾入雞油菇和培根、韭菜炒雞蛋。

BEAVER BREAD

ビーバーブレッド

雞蛋三明治

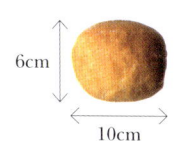

使用的麵包
牛奶鹽麵包

6cm / 10cm

添加了牛乳的麵團是以傳統日本的法國麵包為靈感，接著再把鹽奶油包裹在其中，最後再將其烘烤成酥脆的小麵包。奶油融化所形成的空洞，正好可以夾入大量的餡料，同時也省去塗抹奶油的時間。

雞蛋、雞肉三明治

蒔蘿葉　檸檬皮

雞蛋餡

把經典的雞蛋三明治改良為成人口味。在水煮蛋裡面加上美乃滋、檸檬皮和檸檬汁、蒔蘿，製作成清爽酸味令人印象深刻的餡料。將大量的餡料填進奶油風味豐富的小餐包裡面，最後再裝飾上檸檬皮和蒔蘿葉，清爽的味道也非常適合搭配酒類。

材料

牛奶鹽麵包⋯⋯1個

雞蛋餡*1⋯⋯80g

檸檬皮⋯⋯適量

蒔蘿葉⋯⋯適量

＊1 雞蛋餡

雞蛋⋯⋯3個

蒔蘿⋯⋯適量

日本產檸檬的果皮和果汁⋯⋯1/4個

美乃滋⋯⋯15g

藻鹽⋯⋯適量

1 雞蛋從冷水開始加熱，沸騰後烹煮8分鐘。用冰水冷卻，剝掉外殼。用廚房紙巾包起來，放進密封容器，在冰箱內放置1天，擦乾水分。

2 把1搗碎，蒔蘿切成細末。

3 把2放進調理盆，加入檸檬汁、美乃滋、藻鹽。用刨絲刀削入檸檬皮，混拌。

製作方法

1 從上方切開麵包，填入雞蛋餡。

2 撒上用刨絲刀刨削的檸檬皮，放上蒔蘿葉。

pain stock

パンストック

厚煎蛋

使用的麵包

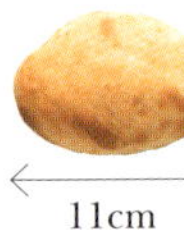

熱狗吐司

←11cm→

利用蜂蜜和優格增添風味，把入口即化的吐司「龐多米蜂蜜麵包」製作成略小的熱狗麵包形狀。長時間發酵，口感軟Q感的麵團，不容易吸收食材的水分，很適合製作三明治。

雞蛋、雞肉三明治

味付海苔
豆渣醬
高湯煎蛋捲
自製美乃滋
青紫蘇

用彈韌柔軟的熱狗吐司麵包，夾上鬆軟濕潤的煎蛋捲，製作成充滿「日式」風味的三明治。附上青紫蘇和海苔作為香氣重點，大量的豆渣醬添加了佐賀縣「三原豆腐店」的生豆渣。日本食材讓整體口感更加一致。

材料

熱狗吐司麵包……1個
自製美乃滋*1……2大匙
青紫蘇……1片
高湯煎蛋捲（寬度3cm）*2……1塊
豆渣醬*3……適量
味付海苔（便籤狀）……適量

***1 自製美乃滋**

把蛋黃（100g）、米醋（50g）、蜂蜜（40g）、芥末粒（25g）、昆布茶（粉末，20g），放進食物調理機裡面攪拌均勻。加入菜籽油（1kg），一邊攪拌乳化。

***2 高湯煎蛋捲**

把雞蛋（8個）、精白砂糖（5g）、水（30g）、白醬油（市售品，18g）放進調理盆，攪拌均勻（A）。把菜籽油倒進煎蛋器，擦掉多餘的油，把A倒入。一邊混攪加熱，大約達到9分熟後，從邊緣開始捲，製作成18×7cm左右的高湯煎蛋捲。

***3 豆渣醬**

把蛋白（30g）、鹽巴（適量）、米醋（7g）放進調理盆，用手持攪拌器攪拌。一邊攪拌，一邊逐次加入菜籽油（80g）乳化。加入生豆渣（34g），用手持攪拌器攪拌均勻。

製作方法

1 側面切開麵包。掀開切口，在下方抹上自製美乃滋，放上青紫蘇。

2 把高湯煎蛋捲放在靠外側，疊放上豆渣醬。

3 將味付海苔剪碎，放在豆渣醬上面。

タカノパン

生火腿雞蛋香醋三明治

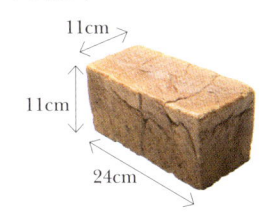

使用的麵包
銅麥焙煎吐司

以口感鮮明的高筋麵粉為基礎，再搭配20％由大麥麥芽、大豆、燕麥、葵花籽等焙煎而成的雜糧粉。雜糧醇厚的味道和顆粒口感，帶給三明治更多層次風味。

11cm × 11cm × 24cm

雞蛋、雞肉三明治

把用美乃滋和芥末調味的蛋黃，和撒上藻鹽，把水瀝乾的蛋白混在一起，製作成濃郁風醇的雞蛋沙拉。把奶油和巴薩米克醋塗抹在添加了雜糧的吐司上面，放上大量的雞蛋沙拉和生火腿。巴薩米克醋的醇厚酸味、生火腿的鮮味擴散，成為略微豪華的成人雞蛋三明治。

圖註：雞蛋沙拉、綠葉生菜、貝比生菜、生火腿、奶油、巴薩米克醋、番茄

材料
銅麥焙煎吐司（厚度1.4cm的切片）……2片
奶油……7g
巴薩米克醋（市售品）……6g
綠葉生菜……4g
貝比生菜……8g
番茄（厚度5mm的半月切）……2片
雞蛋沙拉*1……50g
生火腿……20g

*1 雞蛋沙拉
雞蛋……8個
芥末粒……24g
美乃滋……40g
藻鹽……8g

1. 把雞蛋放進煮沸的熱水裡面，用中火加熱8分鐘。關火，靜置8分鐘，再用冰水冷卻。剝掉蛋殼，把蛋黃和蛋白分開。
2. 蛋黃攪拌至沒有結塊的程度，加入芥末粒，攪拌成糊狀。加入美乃滋混拌，在冰箱內放置一晚。
3. 蛋白切成粗粒，加入藻鹽混拌。在冰箱內放置一晚，把水瀝乾。把蛋黃和蛋白充分混拌。

製作方法

1. 其中1片吐司抹上奶油，在左右2處抹上巴薩米克醋。
2. 鋪上綠葉生菜、貝比生菜，疊上番茄。
3. 鋪上雞蛋沙拉，再重疊上生火腿。
4. 再疊上1片吐司。把烤盤疊在上面，靜置30分鐘之後，切成1/2。

Pain KARATO Boulangerie Cafe

パンカラト ブーランジェリーカフェ

整顆雞蛋！
爆漿可頌

使用的麵包
可頌

摺入用的奶油使用法國依思尼（Isigny）的A.O.P.奶油。折疊次數控制在4折1次、3折1次，成形時，不是把麵團塑形成等邊三角形，而是裁切成T字，然後再捲起來，刻意讓可頌的兩端呈現略粗的形狀。製作出鬆脆口感。

16cm

雞蛋、雞肉三明治

半熟蛋
萵苣
美乃滋
煙燻馬鈴薯沙拉
火腿

夾上一整顆半熟蛋的超人氣商品。請客人用刀叉品嚐的內用菜單，流出的蛋黃代替醬汁。雞蛋如果切片或是掐碎的話，整體的口感就比較容易改變，但是，採用一整顆雞蛋，就能抑制時間的變化。另外，因為只需要剝殼，所以作業效率也能提升。

材料
可頌……1個
紅萵苣……6g
美乃滋……3g
煙燻馬鈴薯沙拉*1……60g
火腿……2片（18g）
半熟蛋*2……1個（55g）

*1 煙燻馬鈴薯沙拉
用鋁箔紙把馬鈴薯（2個）包起來，用160℃的烤箱烤至軟爛。剝掉外皮，用櫻樹木屑煙燻10分鐘。趁熱的時候，加入適量的鹽巴、白胡椒、洋蔥醬*3、撕碎的煙燻乳酪（70g）混拌。放涼後，拌入美乃滋（50g）。

*2 半熟蛋
把雞蛋放進沸騰的熱水裡面，加熱7分鐘後，關火。放進冰水裡冷卻，剝掉蛋殼，撒上鹽巴。

*3 洋蔥醬
洋蔥（50g）切段，和白酒醋（37g）、紅酒醋（12g）、芥末粒（2g）、鹽巴（5g）、沙拉油（100g）、橄欖油（100g）混在一起，用手持攪拌器攪拌。

製作方法

1. 從側面切開麵包。鋪上萵苣，擠上美乃滋。重疊上煙燻馬鈴薯沙拉，放上折成對半的火腿。

2. 把少量的煙燻馬鈴薯放在1的中央，當成黏著劑，夾上半熟蛋。

Pain KARATO Boulangerie Cafe

パンカラト ブーランジェリーカフェ

大山火腿雞蛋三明治 紅酒醋風味

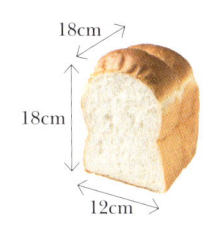

使用的麵包
山形吐司

以每天吃都不會膩，食用方便的吐司為目標，不採用高糖油成份的乳製品，同時避免添加過多的水，以免太過厚重。採用麵粉、水、酵母、砂糖、鹽巴、少量的脫脂奶粉、米油，這樣的簡單配方，用直捏法下料，製作出鬆軟的質樸美味。

（尺寸：18cm × 18cm × 12cm）

雞蛋、雞肉三明治

標示圖：
- 雞蛋餡料
- 里肌火腿
- 水煮蛋
- 紅萵苣
- 雞蛋餡料
- 芥末奶油

由雞蛋沙拉和水煮蛋組合而成的經典雞蛋三明治。「馬鈴薯沙拉如果加上適量的酸味，就會顯得格外美味」，所以就把馬鈴薯泥和壓碎的水煮蛋混在一起，同時再加上美乃滋、鹽巴和胡椒，再利用紅酒醋增添濃郁與酸味。利用菜葉蔬菜和火腿進一步增加飽足感。

材料
- 山形吐司（厚度1.5cm的切片）……1片
- 芥末奶油（市售品）……6g
- 雞蛋餡料＊1……80g
- 紅萵苣……6g
- 美乃滋……3g
- 水煮蛋……1個（55g）
- 鹽巴、白胡椒……各少量
- 里肌火腿……2片（20g）

＊1 雞蛋餡料
- 馬鈴薯泥＊2……850g
- 水煮蛋……28個
- A 美乃滋……800g
  - 鹽巴……10g
  - 白胡椒……8g
  - 紅酒醋……20g

把水煮蛋放進馬鈴薯泥裡面搗碎，加入 A 混拌。

＊2 馬鈴薯泥
用鋁箔紙把馬鈴薯包起來，用160℃的烤箱烤30分鐘，剝掉外皮，搗碎後壓泥過篩。用鹽巴調味。

製作方法
1. 把麵包縱切成2等分，分別抹上芥末奶油。之後，把一半份量的雞蛋餡料鋪在1片麵包上面，放上紅萵苣，擠上美乃滋。
2. 把水煮蛋切成5mm的切片，排放在1上面，撒上鹽巴、白胡椒。
3. 把里肌火腿折成2折，放在上面，再把剩餘的雞蛋餡料鋪上。在另1片麵包抹上芥末奶油，讓該面朝下，重疊在上方。

ベーカリー チックタック
紀州厚煎蛋培根佛卡夏三明治

關西特有的厚煎蛋三明治，再搭配上當地食材。為了讓口感與厚煎蛋更加融合，麵包採用厚度7cm的佛卡夏。佛卡夏撒上香草烘烤，使香氣更添豐富。主角是使用「寺谷農園」的「紫蘇燻南高梅」製成的醬料，和鄰近養雞場「紀泉農場」的雞蛋。

燻牛肉培根
厚煎蛋、切達起司
「寺谷農園」南高梅醬
小黃瓜

Bakery Tick Tack

使用的麵包
佛卡夏

搭配北海道產麵粉・春之戀的麵團，充滿鬆軟且濃郁的風味。撒上由迷迭香、鼠尾草和馬鬱蘭混合而成的自製普羅旺斯香草以及鹽之花，烘烤成香氣濃郁的麵包。

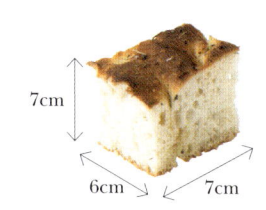

7cm × 6cm × 7cm

材料
佛卡夏（6×7cm、高度7cm）……1塊
「寺谷農園」南高梅醬*1……6g
小黃瓜（切片）……3片（25g）
燻牛肉培根*2……15g
厚煎蛋*3……1塊（90g）
切達起司（切片）……1片

*1「寺谷農園」南高梅醬
梅干（去籽的梅肉）……800g
蜂蜜……80g
美乃滋……320g
混合。

*2 燻牛肉培根
培根……4kg
黑胡椒（粗粒）……16g
香蒜粉……8g
將培根的寬度切成6cm，抹上黑胡椒和香蒜粉。

*3 厚煎蛋
把麵露（15g）、水（20g）、太白粉（2g）放進調理盆，充分混拌（Ⓐ）。把雞蛋（「紀泉農場」的雞蛋4個）和鹽巴（1g）放進另一個調理盆，充分混拌（Ⓑ）。把Ⓐ和Ⓑ混在一起，用濾網過濾，製作煎蛋。每份厚煎蛋（2個三明治的份量）平均約使用200g的蛋液。

利用當地食材製成的醬料展現個性

1 麵包從側面入刀，切成上下2等分。下方的麵包剖面抹上寺谷農園的南高梅醬。為了第一口就能感受到醬料的味道，關鍵就是要塗抹在下面。

利用微辣的培根創造衝擊感

3 排列上抹了香蒜粉和黑胡椒的燻牛肉培根。將微辣的培根夾在中間，讓味道更具衝擊感。

利用略厚的小黃瓜增強口感

2 排列上厚度3mm的小黃瓜。讓清脆的小黃瓜成為口感的重點。

直接夾上厚煎蛋的三明治

4 把使用4顆雞蛋製成的厚煎蛋放在3的上面。趁厚煎蛋溫熱的時候，放上切達起司，冷卻後，切成1/2塊使用。把1切開的麵包重疊在上方。

雞蛋、雞肉三明治

Sandwich & Co.

サンドイッチアンドコー

鹽檸檬雞和酪梨三明治

使用的麵包

芝麻麵包

12.5cm × 11.5cm

店內使用的麵包，完全不使用添加物、防腐劑。鬆軟麵團裡面的黑芝麻顆粒口感和香酥風味是重點所在。使用六片切的厚度。

雞蛋、雞肉三明治

圖示標註：美乃滋、法國第戎芥末醬、酪梨、豆腐奶油起司、鹽檸檬雞、生鮮萵苣、切達起司、花生醬、水煮蛋

使用自製發酵調味料「鹽檸檬」的招牌三明治。用雞胸肉祭出健康形象的同時，利用略厚的酪梨增添口感。檸檬的清爽香氣包裹整體，份量十足的同時，滋味爽口。

材料（2份）

芝麻麵包……2片
花生醬……1大匙
切達起司（切片）……1片
豆腐奶油起司*1……2小匙
鹽檸檬雞*2……60g
水煮蛋……1個
生鮮萵苣……1～2片
美乃滋……5g
酪梨……1/2個
法國第戎芥末醬……6g

***1 豆腐奶油起司**

豆腐（450g）切片，把麴味噌（6大匙）、味醂（適量）混在一起，塗抹在豆腐的表面。在冰箱內放置2天，把水瀝乾。

***2 鹽檸檬雞**

把無蠟檸檬連皮一起切成丁塊狀，加入檸檬重量20%的鹽巴，在60℃底下放置12小時（A）。把A（8大匙）揉進雞胸肉（1.3kg），放進保存袋。用鍋子把水煮沸，將袋子放入，用小火烹煮10分鐘，進一步用小火烹煮20分鐘，關火，靜置30分鐘。從袋內取出雞胸肉，用手撕碎。

製作方法

1. 把花生醬抹在1片麵包上面，放上切達起司、豆腐奶油起司、鹽檸檬雞、切片的水煮蛋。

2. 放上生鮮萵苣，淋上美乃滋，排列上厚度1cm的酪梨片。

3. 把法國第戎芥末醬塗抹在另1片麵包上面，重疊在上面。用紙包起來，切成對半。

Sandwich & Co.

サンドイッチアンドコー

鹽檸檬雞和雞蛋三明治半份

使用的麵包
黑麵包（小）
9.5cm × 9.5cm

使用焦糖，甜且微苦的吐司。為了方便小朋友食用，大部分的三明治都有「半份」可供選擇，使用尺寸比一般尺寸略小的吐司。

雞蛋、雞肉三明治

涼拌胡蘿蔔　法國第戎芥末醬
雞蛋沙拉
鹽檸檬雞
花生醬、豆腐奶油起司

雞蛋三明治加上該店的招牌「鹽檸檬雞」，視覺和味道都十分令人印象深刻的黑麵包三明治。帶有甜味的黑麵包、比半熟略硬，入口即化的雞蛋沙拉和清爽酸味的鹽檸檬雞，甜味和鹹味的協調搭配使人上癮。

材料（2個）
黑麵包（小）……9片
花生醬……1/2大匙
豆腐奶油起司（參考20頁）……1小匙
鹽檸檬雞（參考20頁）……30g
涼拌胡蘿蔔*1……5g
雞蛋沙拉*2……90g
法國第戎芥末醬……3g

*1 涼拌胡蘿蔔
胡蘿蔔切絲，加入EXV橄欖油、穀物醋、香草鹽混拌，放進冰箱靜置一晚。

*2 雞蛋沙拉
用切片器把硬度比半熟略硬的水煮蛋切成十字。加入美乃滋和香草鹽混拌。

製作方法
1 把花生醬、豆腐奶油起司抹在1片麵包上面。放上鹽檸檬雞，接著重疊上涼拌胡蘿蔔和雞蛋沙拉。

2 把法國第戎芥末醬抹在另1片麵包上面，重疊在上面。用紙包起來，切成對半。

THE ROOTS neighborhood bakery

ザ・ルーツ・
ネイバーフッド・ベーカリー

自製煙燻雞肉和酪梨佐凱撒醬

使用的麵包
拖鞋麵包
← 11cm →

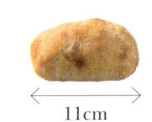

專門烤來製作三明治的拖鞋麵包是手捏的半硬質類型。紮實的嚼勁和酥脆的口感，非常適合製成三明治。添加了10%的橄欖油，就算冰過仍不會變硬，非常適合製成冷藏三明治。

雞蛋、雞肉三明治

標示（剖面圖）： 酪梨、黑胡椒／凱薩醬／烤洋蔥／自製煙燻雞肉

主角是自製的煙燻雞胸肉。雖然是脂肪較少的部位，不過，搭配上大量帕馬森乾酪的凱薩醬之後，就能增添飽足感。副食材是用烤箱烤出甜味的洋蔥和酪梨，增添濃郁的同時，口感也變得滑順。

材料
拖鞋麵包……1個
自製煙燻雞胸肉*1……2塊（40g）
烤洋蔥*2……15g
凱薩醬*3……2大匙
酪梨片……3片（1/4個）
黑胡椒……適量

*1 自製煙燻雞胸肉
雞胸肉1片，撒上鹽巴（雞肉的2.4%）、精白砂糖（雞肉的3%）、白胡椒（適量），充分搓揉，用保鮮膜包起來，在冰箱內放置2晚。在中華鍋底部放置櫻樹木屑和1撮精白砂糖，放上烤網。雞肉用水清洗後，放在烤網上面，蓋上鍋蓋，開中火加熱。單面約煙燻20分鐘。

*2 烤洋蔥
把洋蔥的蒂頭和外皮去除，切成梳形切，排放在烤盤上面。淋上橄欖油，撒上鹽巴，用200℃的烤箱烤25分鐘左右。

*3 凱薩醬
把蒜頭（30g）、鯷魚（100g）放進食物調理機攪拌成糊狀。依序加入美乃滋（1kg）、帕馬森乾酪（粉末，150g）、黑胡椒（適量）、白酒醋（15g），攪拌均勻。一邊攪拌，一邊逐次少量加入橄欖油（100g），讓材料乳化。

製作方法
1. 從側面切開麵包。連同雞皮一起把自製煙燻雞胸肉削切成厚度5mm的切片，夾入2塊。

2. 把烤洋蔥填塞在後方。

3. 抹上凱薩醬，以稍微錯位的方式放上3片酪梨片。在酪梨的表面撒上黑胡椒。

22

& TAKANO PAIN

タカノパン

假日辣雞肉三明治

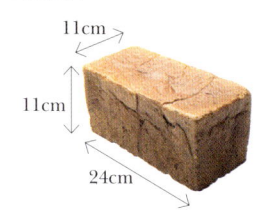

使用的麵包
銅麥焙煎吐司

11cm × 11cm × 24cm

以口感鮮明的高筋麵粉為基礎，再搭配20％由大麥麥芽、大豆、燕麥、葵花籽等焙煎而成的雜糧粉。雜糧醇厚的味道和顆粒口感，帶給三明治更多層次風味。

組成說明（圖示標註）：
- TABASCO辣椒醬、智利辣椒
- 奶油起司
- 刺山柑
- 煙燻雞肉、煙燻鹽
- 番茄
- 綠葉生菜、貝比生菜
- 奶油、西洋黃芥末

用添加了雜糧的吐司，把蒜頭和辣椒粉調味的煙燻雞肉，連同奶油起司、番茄、綠葉生菜一起夾起來。利用TABASCO辣椒醬、智利辣椒加上辣味、酸味與鮮豔色澤，非常適合喜歡吃辣的成年人。奶油起司避免太過招搖，配置在2個部位，藉此作為味道和口感的亮點。

材料

銅麥焙煎吐司（厚度1.4cm的切片）……2片
奶油……7g
西洋黃芥末……6g
奶油起司……16g
綠葉生菜……4g
貝比生菜……8g
番茄*1……2片
美乃滋……10g
煙燻雞肉*2……40g
橄欖油*2……2g
煙燻鹽……2g
刺山柑……5粒
TABASCO辣椒醬……5滴
智利辣椒……1g

*1 番茄

1 番茄去掉蒂頭，切成上下2等分後，切成厚度5mm的半月切。
2 把廚房紙巾鋪在調理盤上面，排放上番茄，撒上些許鹽巴。蓋上保鮮膜，在冰箱內放置半天，排出水分。

*2 煙燻雞肉、橄欖油

用辣椒粉和蒜頭調味的市售品。切成厚度8mm的切片，抹上橄欖油備用。

製作方法

1 在1片麵包上面塗抹奶油，將西洋黃芥末塗抹在左右2個部位。

2 把奶油起司8g鋪在吐司邊附近。

3 依序疊放綠葉生菜、貝比生菜、番茄，在左右2處擠上美乃滋。

4 放上煙燻雞肉，撒上煙燻鹽。在雞肉上面放上奶油起司8g。

5 放上刺山柑，淋上TABASCO辣椒醬，撒上智利辣椒。

6 重疊上另1片吐司。把烤盤放置在上方，靜置30分鐘後，切成1/2。

チクテベーカリー

菜花、豆腐雞肉和磨菇的三明治

雞蛋、雞肉三明治

用酥脆的洛斯提克麵包,把水煮雞脯肉、新鮮棕玉菇和加了奶油起司的豆腐泥等餡料夾在其中。菜花用鹽水烹煮後,再用橄欖油拌勻,隱約的苦味、清脆的口感,為整體的味道和口感增加亮點的春季三明治。

豆腐泥
菜花
雞肉泥

CICOUTE BAKERY

使用的麵包
洛斯提克麵包

洛斯提克麵包酥脆、份量感十足，是十分容易用來製作三明治的麵包。使用日本產麵粉，讓含水率低於87％，藉此製作出能夠搭配各種食材，味道鮮明的麵包。

10.5cm
12.5cm

材料
洛斯提克麵包……1個
EXV橄欖油……適量
雞肉泥＊1……30g
菜花＊2……45g
豆腐泥＊3……3g
鹽巴、黑胡椒……適量

＊1 雞肉泥
雞脯肉（200g）用適量的鹽巴和黑胡椒預先調味，放進加了鹽巴的熱水裡面，再次煮沸後，烹煮13分鐘。把水瀝乾，放涼，撕開成寬度小於1cm、長度1.5cm左右的雞肉絲，並用鹽巴、黑胡椒調味。把棕玉菇（10朵）切成厚度2～3mm的薄片，淋上檸檬汁。把雞肉、棕玉菇、豆腐泥＊3（120g）、芥末粒（20g）混在一起，用鹽巴、黑胡椒調味。

＊2 菜花
菜花用加了鹽巴的熱水烹煮後，切成5cm。用EXV橄欖油拌勻，撒上鹽巴、黑胡椒。

＊3 豆腐泥
用廚房紙巾把木綿豆腐（350g）包起來，放進容器，在冰箱裡面靜置一晚，瀝乾水分。把豆腐、奶油起司（150g）、檸檬汁（30g）、EXV橄欖油（30g）、醬油（12g）、鹽巴、黑胡椒（各適量）混在一起，用食物調理機攪拌成乳霜狀。

製作方法
1. 切開麵包，在兩邊的切面淋上橄欖油。鋪上雞肉泥。
2. 疊上菜花、豆腐泥，撒上鹽巴、黑胡椒。

雞蛋、雞肉三明治

タカノパン

羅勒雞肉
＆涼拌胡蘿蔔絲

餡料組合分別是運用羅勒和洋蔥風味的雞肉沙拉，以及水果酸味令人印象深刻的涼拌胡蘿蔔。雞肉裹上橄欖油，彌補油脂的同時，又能防止乾燥。下層麵包塗抹奶油，上層麵包塗抹芥末，藉此讓風味更加鮮明，同時增加味覺強弱。

羅勒雞肉
涼拌胡蘿蔔
綠葉生菜
芥末粒
奶油

& TAKANO PAIN

使用的麵包
法國長棍麵包

採用法國產麵粉等3種麵粉和烘烤過的玉米粉。大約花40小時低溫發酵，製作出蓬鬆、輕盈，讓人百吃不膩的口感。三明治用的長棍麵包採用薄烤，讓口感更加酥脆。每份使用1/3段。

45cm

材料
法國長棍麵包……1/3條
奶油……7g
芥末粒……3g
綠葉生菜……8g
美乃滋……12g
羅勒雞肉*1……40g
橄欖油*1……2g
涼拌胡蘿蔔*2……30g

*1 羅勒雞肉、橄欖油
雞胸肉採用藉由羅勒和洋蔥增添風味的市售品。抹上橄欖油備用。

*2 涼拌胡蘿蔔
醋漬胡蘿蔔（市售品）
　……500g
沙拉醬（將下述材料混合在一起）
　……145g
覆盆子酒醋……50g
橄欖油……50g
蜂蜜……40g
鹽巴……5g

把用醋、砂糖、鹽巴調味的市售醋漬胡蘿蔔的水瀝乾，加入沙拉醬拌勻。在冰箱內放置2天，讓味道入味。

芥末塗抹在上層，增添風味

1 麵包從斜上方往斜下方切開，下方切面抹上奶油，上方切面抹上芥末粒。之所以分開塗抹，是為了避免奶油味遮蔽了芥末風味。綠葉生菜均勻分配葉子和白色部分，增添口感。

放上滿滿雞肉，製作出份量感

3 為了避免乾燥，厚度切成2mm的羅勒雞肉要事先抹上橄欖油。高高層疊，避免雞肉超出麵包的切面，藉此演繹出份量感。

美乃滋的濃稠，讓口感更滑順

2 為避免油脂滲進麵包裡面，將美乃滋擠在綠葉生菜上面。之所以在切口後端擠出波浪狀，主要是為了運用美乃滋濃稠的奶油質地，同時避免妨礙雞肉的風味。

胡蘿蔔擺後端，更容易食用

4 醋漬切絲胡蘿蔔用自製沙拉醬調味。鋪上大量清爽酸味的涼拌胡蘿蔔。稍微瀝乾水分後，把它擺放在切口的深處，以避免咬的時候掉滿地。

雞蛋、雞肉三明治

pain stock

パンストック
涼拌高麗菜絲

使用的麵包
北之香
用對比麵粉110％以上的水製作而成的洛斯提克麵包,能夠感受到北海道產麵粉北之香的特有甜味,是非常受歡迎的麵包。酥脆輕薄的麵包皮、濕潤入口即化的麵包芯,就算製作成三明治,同樣也非常容易食用。

←10cm→

雞蛋、雞肉三明治

標示說明:
- 百里香
- 柳橙、黑胡椒
- 煎雞排、優格醬
- 涼拌胡蘿蔔
- 紫洋蔥
- 莫札瑞拉起司
- 芝麻菜
- 自製美乃滋

柳橙胡蘿蔔沙拉和煎雞排的組合。煎得酥脆的雞胸肉淋上柳橙＆蜂蜜風味的優格醬,再加上莫札瑞拉起司,讓口味更顯清爽。鋪在底部的芝麻菜是當地福岡・糸島的西洋蔬菜農園「久保田農園」所產。

材料
北之香……1個
自製美乃滋（參考14頁）……2大匙
芝麻菜……1片
煎雞排*1……2塊（60g）
優格醬*2……8g
紫洋蔥（切片）……適量
莫札瑞拉起司……8g
涼拌胡蘿蔔*3……10g
柳橙切片（剝掉外皮,厚度5mm的切片）……1片
百里香（生）……1枝
黑胡椒……適量

*1 煎雞排
把橄欖油倒進平底鍋,開中火加熱,加入切片的蒜頭（1瓣份量）,煎出香氣。放入雞胸肉（1片）香煎。用鹽巴、黑胡椒調味。放涼,切成6～7等分。

*2 優格醬
把優格（450g）、蜂蜜（50g）、橄欖油（10g）、葛拉姆馬薩拉（10g）、孜然粉（5g）、鹽巴（3g）、黑胡椒（1g）、柳橙汁（1/2個）混在一起。

*3 涼拌胡蘿蔔
胡蘿蔔去除外皮,用削皮器削成片狀（3條）,加入鹽巴混拌,放置一段時間。稍微擠掉水分。剝掉柳橙（1個）的外皮,連同薄皮一起切成1cm的骰子狀。把白酒醋（適量）和蔗糖（適量）混在一起,加入蒜頭和柳橙混拌。醃漬1天以上。

製作方法
1. 從側面切開麵包,下層的厚度約1/3,上層的厚度則約2/3。打開切口,在下層塗抹自製美乃滋,放上芝麻菜。

2. 放上煎雞排,淋上優格醬。

3. 重疊上紫洋蔥、莫札瑞拉起司、涼拌胡蘿蔔、柳橙片,放上百里香,撒上黑胡椒。

Craft Sandwich

クラフト サンドウィッチ

烤雞和日本圓茄 & 艾曼達乳酪

使用的麵包

法國雜糧長棍麵包

←18.5cm→

添加2種芝麻、南瓜籽、葵花籽。麵包充滿雜糧的濃郁風味，因此，大多是搭配雞肉等味道清淡的食材。

標示：醃小黃瓜、烤茄子、艾曼達乳酪、烤杏仁、番茄、烤雞肉、油封蒜頭

使用雞胸肉製成的健康烤雞，加上油封蒜頭和烤杏仁，製作成令人印象深刻的濃郁美味。像熱狗麵包那樣，從上方切開，夾入雞肉、烤圓茄、番茄，再撒上大量的艾曼達乳酪，最後用烤箱烘烤出爐。

材料

法國雜糧長棍麵包……1個
油封蒜頭*1……10g
烤雞肉*2……70g
烤茄子*3……35g
醃小黃瓜*4……10g
番茄（厚度5mm的切片）……3片
烤杏仁……4粒
艾曼達乳酪……20g

*1 油封蒜頭

把剝掉外皮的蒜頭放進小的鍋子，倒入EXV橄欖油。為避免燒焦，用小火烹煮20分鐘，直到硬度呈現可用木鏟壓碎的程度。

*2 烤雞肉

用EXV橄欖油、蓋朗德海鹽、百里香醃漬雞胸肉（1片），放進220℃的烤箱裡面烤20分鐘。放進冰箱，冷卻後，切成厚度5mm的切片。

*3 烤茄子

把圓茄（1/2個）切成厚度1cm的切片，排放在烤箱托盤上面，抹上橄欖油，撒上蓋朗德海鹽（各適量）。用180℃的烤箱烤20分鐘，直到染上烤色。

*4 醃小黃瓜

把小黃瓜（1條）切成厚度5mm的切片。把白酒醋（50g）、水（25g）、蔗糖（15g）、蓋朗德海鹽（1.2g）放進鍋裡煮沸。把鍋子從火爐上移開，加入小黃瓜，浸漬30分鐘以上。

製作方法

1. 麵包從上方切開，在兩邊的切面抹上油封蒜頭，一邊壓碎蒜頭，一邊塗抹。

2. 夾入烤雞肉、烤茄子、番茄、醃小黃瓜，加入切成對半的烤杏仁。

3. 刨削上艾曼達乳酪，用烤箱烤出烤色。

雞蛋、雞肉三明治

パンストック

照燒雞肉

雖說是「照燒」，不過，醃漬醬料是以番茄醬和伍斯特醬為基底。把大家普遍喜愛的鹹甜味變得更濃醇的熱銷三明治。用酪梨醬取代美乃滋，藉此增添濃郁。醃漬紫甘藍增加清脆口感和新鮮感。鮮豔的色彩也十分惹人注目。

起司粉
酪梨醬
照燒雞、照燒醬
醃漬紫甘藍
自製美乃滋

pain stock

使用的麵包
熱狗吐司

利用蜂蜜和優格增添風味，把入口即化的吐司「龐多米蜂蜜麵包」製作成略小的熱狗麵包形狀。長時間發酵，口感軟Q感的麵團，不容易吸收食材的水分，很適合製作三明治。

11cm

材料

熱狗吐司……1個
自製美乃滋（參考14頁）……2大匙
醃漬紫甘藍*1……20g
照燒雞肉*2……3塊
照燒醬*3……大於1大匙
酪梨醬*4……大於1大匙
起司粉……適量

*1 醃漬紫甘藍

紫甘藍……1顆
鹽巴……紫甘藍重量的1%
白酒醋……200g
水……200g
月桂葉……2片
黑胡椒……5粒

1. 紫甘藍切成對半，去除菜芯，切絲。混入鹽巴，放置一段時間。
2. 把白酒醋、水、月桂葉、黑胡椒放進鍋裡加熱，煮沸後，從火爐上移開，放涼。
3. 把1的紫甘藍稍微擠乾，去除水分，放進2裡面浸漬，用鹽巴（適量）調味。放置1天後再使用。

*2 照燒雞肉

照燒醬
番茄醬……150g
伍斯特醬……150g
濃口醬油……30g
蒜頭（磨成泥）……1/2瓣
薑（磨成泥）……5g
洋蔥（磨成泥）……1/8個
雞腿肉……4片
菜籽油……適量

1. 把照燒醬的材料充分混拌。放入雞腿肉，浸漬1天以上。
2. 取出雞腿肉，用水清洗表面。照燒醬留著備用。
3. 把菜籽油倒進平底鍋，用中火加熱。雞腿肉把雞皮朝下放進鍋裡。用小火煎5分鐘後，翻面。蓋上鍋蓋，燜煎10分鐘，熟透後，取出雞腿肉。切成一口大小。

*3 照燒醬

把「照燒雞肉」步驟2留用的照燒醬放進3的平底鍋，用小火熬煮5分鐘，製作出濃稠感。

*4 酪梨醬

酪梨……3個
自製美乃滋（參考14頁）……45g
蒜頭（磨成泥）……1瓣
檸檬汁……1/2個
鹽巴……適量
牛乳……50g

1. 酪梨去除外皮和種籽，用叉子等道具把果肉搗碎成糊狀。
2. 加入自製美乃滋、蒜頭、檸檬汁、鹽巴，充分拌勻。加入牛乳，調整成適當硬度。

製作方法

1. 從側面切開麵包。打開切口，在下面塗抹上自製美乃滋。
2. 依序重疊上醃漬紫甘藍、照燒雞肉。
3. 在雞肉的上面淋上照燒醬。
4. 放上酪梨醬，撒上起司粉。

雞蛋、雞肉三明治

ベーカリー チックタック

照燒雞肉和雞蛋沙拉三明治

透過SNS進行最愛三明治的問卷調查，將居榜首的照燒雞肉和雞蛋沙拉組合在一起。在雞蛋沙拉裡面加入葡萄乾，增添獨創性。照燒雞肉的重點是，先進行淺油炸，放涼至溫熱程度後，放進醬汁裡面浸漬，讓味道確實入味。如果等到完全冷卻，就沒辦法讓味道達到一致。

紫甘藍拌雪莉醋沙拉醬 ── 照燒雞肉 ── 巴西里 ── 美乃滋 ── 雞蛋沙拉

Bakery Tick Tack

使用的麵包
高含水軟式法國麵包

開發靈感源自於「硬式類型的麵包」。為製作出能夠感受到小麥芳香的麵團，搭配40%的北海道產小麥綜合麵粉，再加上90%的含水率，藉此製作出酥脆口感。使用葡萄乾酵母種，進行2天的低溫發酵，讓小麥的香氣更濃醇。

12cm

材料
高含水軟式法國麵包……1個
美乃滋……10g
紫甘藍拌雪莉醋沙拉醬*1
　……15g
照燒雞肉*2……90g
雞蛋沙拉*3……40g
巴西里（乾式）……適量

*1 紫甘藍拌雪莉醋沙拉醬
把雪莉醋（150g）、鹽巴（5g）、蜂蜜（100g）、EXV橄欖油（300g）混合在一起，製作成沙拉醬。紫甘藍切成絲，用紫甘藍重量10%的沙拉醬拌勻。

*2 照燒雞肉
雞腿肉……5kg
A 醬油……400g
　水……300g
　雞蛋……2個
　蒜頭（磨成泥）……15g
　薑（磨成泥）……15g
麵粉……適量
米油……適量
B 醬油……200g
　味醂……200g
　酒……200g
　白砂糖……120g
C 太白粉……35g
　水……100g
肉豆蔻……少量

1 把1片切成3等分的雞腿肉放進A裡面，浸漬1天以上。取出雞腿肉，把水分擦乾，抹上麵粉，淋上米油，用蒸氣熱對流烤箱的油炸模式加熱。從烤箱內取出，放涼。

2 把B混合在一起，加熱溶解。利用C混合的太白粉水勾芡，加入肉豆蔻攪拌。把1放進裡面浸泡。

*3 雞蛋沙拉
雞蛋……24個
鹽巴……5g
黑胡椒……2g
葡萄乾……100g
美乃滋……280g

把雞蛋烹煮成較硬的水煮蛋，剝掉蛋殼，用廚房紙巾擦乾。把蛋白和蛋黃分開，蛋白掐成粗粒。蛋黃搗成細碎。把蛋白和蛋黃混在一起，加入鹽巴、黑胡椒混拌，葡萄乾不切，直接加入混拌。最後，加入美乃滋混拌。

製作方法
1 從側面切開麵包，在下方的切面抹上美乃滋。

2 鋪上紫甘藍拌雪莉醋沙拉醬，將照燒雞肉放在上面。加上雞蛋沙拉。

3 在雞蛋沙拉上面撒上乾巴西里。

雞蛋、雞肉三明治

33（サンジュウサン）

雞肉＆花生椰奶醬

靈感來自宮保雞丁這個經典的台式料理。烤雞腿肉加上蒜頭、火蔥、添加椰奶的花生醬，藉此增添濃郁與芳香。烤蔬菜的鬆軟感、碎花生的酥脆感，為整體增加亮點，口感也令人印象深刻。

煎炸菠菜
烤花生
烤櫛瓜
烤雞腿肉
紅萵苣
烤南瓜
花生椰奶醬

San jū san

使用的麵包
皮塔餅

使用北海道產法國麵包專用粉，把長時間發酵的長棍麵包麵團擀薄，折成對半，抹上橄欖油後，烘烤出爐。口感帶有嚼勁，同時又兼具酥脆的皮塔餅，就算夾入大量的餡料，仍非常容易食用。

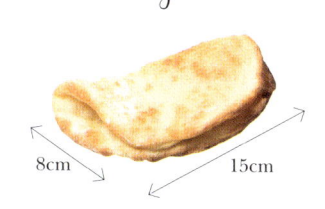

8cm　15cm

材料
皮塔餅……1個
花生椰奶醬*1……35g
紅萵苣……1片
烤雞腿肉*2……約100g
烤南瓜*3……1片
烤櫛瓜*3……2片
煎炸菠菜*4……2支
烤花生（拍碎）……4g

*1 花生椰奶醬
脫皮花生……400g
火蔥……5～6個
蒜頭……5瓣
醬油……120g
蔗糖……40g
萊姆汁……1個
椰奶……400g

1. 脫皮花生用180℃烤10分鐘，用攪拌器攪拌成糊狀。
2. 火蔥和蒜頭切成細末。
3. 把2和醬油、蔗糖放進平底鍋，持續炒至通透。
4. 用攪拌器把1和3、萊姆汁攪拌成糊狀。
5. 加入椰奶，持續攪拌至柔滑狀。

*2 烤雞腿肉
雞腿肉……4kg
鹽巴……25g
醬油……100g
白酒……80g
EXV橄欖油……100g

1. 把所有材料放進調理盆，充分搓揉。蓋上保鮮膜，放進冰箱冷藏一晚。
2. 把雞腿肉排放在烤盤上面，用上火240℃、下火250℃的烤箱烤15～17分鐘。用瓦斯噴槍炙燒雞皮至焦黃。
3. 切成厚度8mm的切片。

*3 烤南瓜、烤櫛瓜
1. 南瓜切成厚度5mm的半月切，櫛瓜切成厚度5mm的切片。
2. 將南瓜片、櫛瓜片排放在倒了EXV橄欖油的烤盤上面，撒上鹽巴。用上火240℃、下火250℃的烤箱烤8分鐘。

*4 煎炸菠菜
1. 切掉菠菜的根部，裹上較多的EXV橄欖油，排放在烤盤上面。
2. 用上火240℃、下火250℃的烤箱烤8～10分鐘。

以濃郁的醬料作為味道的基底

1 打開麵包，塗抹上花生椰奶醬。添加蒜頭、火蔥、椰奶的濃醇味道，讓簡單調味的雞肉更具層次。

雞皮烤至焦黃，增添香氣

2 放上紅萵苣，再疊上厚度切成8mm的烤雞腿肉。雞肉用烤箱烤過之後，用瓦斯噴槍炙燒雞皮至焦黃，讓雞皮酥脆、雞肉多汁。把烤南瓜和烤櫛瓜夾在雞肉下面。

蔬菜的甜味和口感，讓風味更醇厚

3 把裹上多量橄欖油，用烤箱烤至鬆軟的菠菜放在上面，撒上拍碎的烤花生。

雞蛋、雞肉三明治

ベイクハウス イエローナイフ

泰式烤雞三明治

以運用香草或香辛料調味，帶有甜鹹滋味的泰式烤雞「Kai Yang」作為主角的三明治。雖然充滿異國風味，不過，因為還有搭配煎蛋，所以整體的味道十分醇厚。考量到營養均衡的問題，所以搭配了大量蔬菜，這也是其特色之一。

煎蛋
泰式烤雞
烤白花椰菜
萵苣
烤甜椒
美乃滋

Bakehouse Yellowknife

使用的麵包

裸麥麵包

採用30％石臼研磨的有機裸麥、70％的北海道產高筋麵粉，然後，再用葡萄乾培養的自製酵母種發酵。爽口的酸味是其特徵。用切片器切成2cm厚度後使用。

13cm × 27cm

材料

裸麥麵包（厚度2cm的切片）……2片
美乃滋……3.5g
萵苣……10g
烤甜椒（紅、黃）……19g
義大利香醋……適量
烤白花椰菜……12g
泰式烤雞*1……77g
煎蛋*2……1塊

***1 泰式烤雞**

A 洋蔥（磨成泥）……1個
　蒜頭（磨成泥）……1瓣
　薑（磨成泥）……1塊
B 蠔油……1大匙
　魚露……1小匙
　蜂蜜……1大匙
　鹽巴……少量
　檸檬草（乾）……適量
雞腿肉……2kg
太白粉（用水溶解）……適量
C 芫荽……適量
　小蔥……適量

1 把A放進調理盆，加入B，用橡膠刮刀混拌。
2 把切成4cm大小的雞腿肉放進1裡面浸漬，在冰箱內放置一晚。
3 把鐵網放進調理盤，把2放在上方，用200℃的烤箱烤1小時。
4 把殘留在調理盤內的3肉汁倒進鍋裡，再把太白粉水和切成5mm左右的C放進鍋裡，用中火熬煮，製作成醬汁。
5 把4的醬汁裹在3上面。

***2 煎蛋**

把醬油（1大匙）、味醂（1大匙）、酒（1大匙）、砂糖（1小匙）混進雞蛋（4個）裡面，製作成煎蛋。切成4等分。

薄塗美乃滋

1 準備2片厚度2cm的麵包，在單邊抹上美乃滋。因為麵包帶有酸味，所以美乃滋要選擇酸味溫和的種類。抹上薄薄一層，隱約能感受到美乃滋的程度即可。

3種蔬菜增添健康感

2 依序放上撕成一口大小的萵苣、烤甜椒、烤白花椰菜。烤甜椒用180℃的烤箱烤20分鐘後，用義大利香醋拌勻，增添濃郁。

主角是芫荽香氣的烤雞

3 放上3塊用蠔油和魚露等預先調味，醬汁裡面加上芫荽，製作而成的泰式烤雞「Kai Yang」。

雞蛋的鮮味讓整體的味道更加醇厚

4 放上切塊的煎蛋。色彩更添鮮豔，味覺也能加分。

雞蛋、雞肉三明治

ザ・ルーツ・ネイバーフッド・ベーカリー

牙買加煙燻烤雞三明治

放進添加了香辛料、檸檬的番茄醬裡面浸漬，烤至酥脆程度的牙買加鄉土料理「牙買加煙燻烤雞」的三明治。半乾番茄胡蘿蔔泥為椰奶燉紅腰豆所帶來的中南美豐盛感，添加些許清爽的口感。

半乾番茄胡蘿蔔泥
牙買加煙燻烤雞
椰奶燉紅腰豆
紅萵苣

THE ROOTS neighborhood bakery

使用的麵包
薑黃拖鞋麵包

在原味的拖鞋麵包麵團裡面添加薑黃，在保有鬆脆、濕潤與易於食用的同時，讓麵包變身成鮮豔的黃色。經常用來製作成搭配咖哩或牙買加煙燻烤雞等香辛料食材的三明治。

10cm

材料
薑黃拖鞋麵包……1個
紅萵苣……2片
椰奶燉紅腰豆＊1……40g
牙買加煙燻烤雞＊2……4塊（40g）
半乾番茄胡蘿蔔泥＊3……20g

＊1 椰奶燉紅腰豆
橄欖油……適量
洋蔥（細末）……500g
蒜頭（細末）……3瓣
紅腰豆（水煮、冷凍）……1kg
咖哩粉……1大匙
椰奶……400g
水……適量
鹽巴、黑胡椒……各適量

1 把橄欖油倒進鍋裡，開中火加熱，倒入洋蔥、蒜頭炒香。
2 加入紅腰豆拌炒，加入咖哩粉，炒出香氣。
3 加入椰奶，把少量的水倒進椰奶的容器裡面清洗一下底部，再連同水一起倒進鍋裡。直接用中火熬煮15～20分鐘，用鹽巴、黑胡椒調味。

＊2 牙買加煙燻烤雞
雞腿肉……2kg
鹽巴……10g
多香果粉……30g
辣椒粉……15g
印度什香粉……10g
檸檬汁……1顆份量
番茄醬……200g

1 把鹽巴、多香果粉、辣椒粉、印度什香粉混合在一起，均勻塗抹在雞腿肉上面。把檸檬汁擠在雞腿肉上面，抹上番茄醬，用保鮮膜包起來，放進冰箱裡面醃漬一晚。
2 用水清洗1的表面，用真空包封起來，用65℃隔水加熱40分鐘。
3 在製作三明治之前，用平底鍋稍微煎一下表面，煎出酥脆感，切成一口大小。

＊3 半乾番茄胡蘿蔔泥
胡蘿蔔……2條
有鹽奶油……適量
水……適量
月桂葉……2片
半乾番茄＊4……100g
鹽巴……適量

1 胡蘿蔔削皮，切成適當大小，放進鍋裡，用有鹽奶油拌炒。加入幾乎淹過食材的水量和月桂葉，烹煮至胡蘿蔔軟爛。
2 把水瀝乾，用食物調理機，連同半乾番茄一起攪拌成柔滑的糊狀。用鹽巴調味。

＊4 半乾番茄
小番茄……適量
橄欖油……適量
鹽巴……適量
A 橄欖油……100ml
　 白酒醋……20g
　 鹽巴……2g
　 普羅旺斯香草……2g

1 小番茄去除蒂頭，切成2等分，排放在烤盤上面。淋上橄欖油，撒上鹽巴，用120℃的烤箱烤1小時。
2 把1放進混合備用的A裡面浸漬，在冰箱內醃漬一晚。

製作方法
1 從側面切開麵包。把紅萵苣撕碎夾入，上面鋪上椰奶燉煮紅腰豆。
2 將牙買加煙燻烤雞排成橫一列。
3 在上方的切面抹上半乾番茄胡蘿蔔泥。

雞蛋、雞肉三明治

パンストック

羯茶雞

所謂的「羯茶雞」是指，用羯茶炒鍋的名稱作為料理名稱，以番茄為基底的巴基斯坦咖哩。青辣椒和薑的爽快辛辣是其特徵。把咖哩填塞到用魯邦麵包麵團製成的皮塔餅裡面。香辛料的風味和肉的鮮味、穀物的滋味在嘴裡融為一體。

羯茶雞
美式高麗菜沙拉
醃漬獅子辣椒
自製美乃滋

pain stock

使用的麵包
皮塔餅

三明治專用的皮塔餅。用「魯邦麵包」的麵團製成。在100%使用福岡縣產小麥的法國麵包專用粉裡面,加上帶有甜味的北海道產北之香,此外,還有搭配黑麥粉和麥茶。

←15cm→

材料
皮塔餅……1/2個
自製美乃滋（參考14頁）
　……2大匙
美式高麗菜沙拉*1……25g
自製美乃滋、芥末粒
　……各適量
羯茶雞*2……100g
醃漬獅子辣椒*3……1個

*1 美式高麗菜沙拉
把高麗菜（1顆）和胡蘿蔔（2條）切絲,混入高麗菜和胡蘿蔔重量1%的鹽巴,靜置10分鐘左右。擠掉滲出的水。加入蜂蜜（100g）、白酒醋（80g）、橄欖油（20g）充分混拌。用鹽巴（適量）調味。

*2 羯茶雞
菜籽油……250g
A 紅辣椒
　（乾,去除蒂頭和種籽）
　……3條
孜然籽……20g
調料九里香……5g
印度藏茴香……10g
綠豆蔻……10粒
黑豆蔻（壓碎）……5粒
雞腿肉（較大的切塊）……2kg
番茄（切塊）……1kg
B 蒜頭（細末）……60g
　薑（細末）……60g
　紅辣椒粉……30g
　薑黃粉……20g
　鹽巴……25g
洋蔥（切片）……2個
優格……300g
C 黑胡椒……10g
　印度什香粉……25g
　獅子辣椒（切片）……6條
　青辣椒（切片）……6條
　薑（切絲）……20g
卡宴辣椒、鹽巴、蔗糖
　……各適量

1 把菜籽油、A的香辛料放進平底鍋,用中火炒出香氣。
2 加入雞腿肉,把表面煎硬,約達到8成熟後,改用小火,加入番茄,燉煮直到番茄呈現軟爛。
3 加入B的香辛料和鹽巴,混拌均勻。加入洋蔥,燉煮至呈現濃稠狀。
4 加入優格,用中火燉煮至濃稠狀。加入C的香辛料,充分混拌。用卡宴辣椒、鹽巴、蔗糖調味。

*3 醃漬獅子辣椒
獅子辣椒（1包）切掉果梗,用叉子在豆莢上戳幾個洞。製作醃料。把白酒（200g）、水（150g）、蔗糖（80g）、鹽巴（10g）、切片的蒜頭（1瓣）、紅辣椒（乾,2條）、月桂葉（2片）、黑胡椒（5粒）放進鍋裡加熱煮沸。蔗糖溶解後,加入米醋（400g）,再次煮沸。把鍋子從火爐上移開,放涼,隔日再開始使用。把獅子辣椒放進醃料裡面浸漬一天以上。

雞蛋、雞肉三明治

在皮塔餅裡面填塞大量的美式高麗菜沙拉

1 把麵包切成2等分,使用其中的單邊,挖開切口,在內側抹上自製美乃滋。把自製美乃滋、芥末粒混進美式高麗菜沙拉裡面,填塞在麵包底部。

塞滿羯茶雞至麵包切口

2 把羯茶雞填塞進麵包裡面,直到切口處,最後放上醃漬獅子辣椒。

パンストック

首爾

「這根本就是便當嘛！」會讓人不禁想這麼說，配料豐富的韓式三明治。裹上苦椒醬的雞胸肉，加上2種韓式拌菜和水煮蛋，各式各樣的風味與口感混雜在一起。這是以「環遊世界」作為開發主題，以地名作為產品名稱的三明治系列。

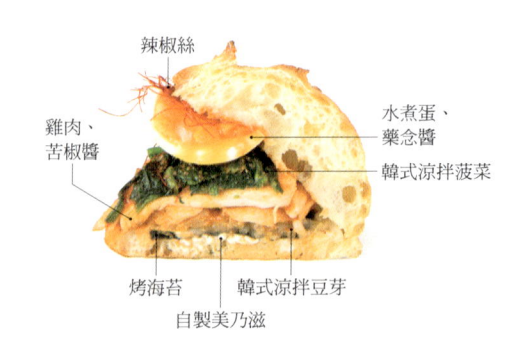

辣椒絲
雞肉、苦椒醬
水煮蛋、藥念醬
韓式涼拌菠菜
烤海苔
韓式涼拌豆芽
自製美乃滋

pain stock

使用的麵包
北之香

用對比麵粉110％以上的水製作而成的洛斯提克麵包，能夠感受到北海道產麵粉北之香的特有甜味，是非常受歡迎的麵包。酥脆輕薄的麵包皮、濕潤入口即化的麵包芯，就算製作成三明治，同樣也非常容易食用。

←10cm→

材料

- 北之香……1個
- 自製美乃滋（參考14頁）……2大匙
- 烤海苔（把半切分成3等分）……1片
- 韓式涼拌豆芽*1……30g
- 雞胸火腿（切成一口大小）*2……4塊
- 苦椒醬*3……10g
- 韓式涼拌菠菜*4……20g
- 水煮蛋*5……1/2個
- 藥念醬*6……5g
- 辣椒絲……1撮

*1 韓式涼拌豆芽

用水烹煮豆芽（1包），將水分瀝乾。把雞骨高湯（3g）、適量的鹽巴和芝麻油（8g）混合在一起，加入水煮的豆芽拌勻。

*2 雞胸火腿

- 雞胸肉……3kg（9片）
- 鹽巴……45g
- 精白砂糖……18g
- 菜籽油……1350g
- 百里香（生）……9支
- 柳橙（帶皮切成梳形切）……1/8個
- 檸檬（帶皮切成梳形切）……1/4個

1. 去除雞胸肉的皮，撒上鹽巴、精白砂糖，充分搓揉，靜置10分鐘。
2. 把菜籽油、百里香、柳橙、檸檬放進鍋裡，開中火加熱。油開始咕嘟咕嘟沸騰的時候，把鍋子從火爐上移開，放涼。拿掉柳橙、檸檬。
3. 用廚房紙巾把1雞胸肉釋放出的水分擦乾，用較厚的塑膠袋分裝（1片1袋）。
4. 把2的油倒進3的塑膠袋裡面，份量必須能夠充分浸漬雞肉。接著，每1袋放進1支百里香。擠出空氣，把塑膠袋的袋口封起來。
5. 把4放進約50℃的熱水裡面，用60℃的舒肥機隔水加熱1小時30分鐘。連同塑膠袋一起取出，放進冰箱保存。使用前取出，用廚房紙巾把油擦掉。

*3 苦椒醬

- 苦椒醬……30g
- 白芝麻……30g
- 綜合味噌……15g
- 芝麻油……15g
- 米醋……15g
- 蔗糖……10g
- 濃口醬油……10g
- 雞肉的肉汁（使用28頁的「煎雞排」的肉汁）……適量

把所有材料混在一起，攪拌均勻。

*4 韓式涼拌菠菜

把菠菜（1把）切成一口大小，水煮後，稍微泡一下水，輕輕擠掉水分。把白芝麻（15g）、芝麻油（10g）、濃口醬油（5g）、鹽巴（適量）混合在一起，放入水煮菠菜拌勻。

*5 水煮蛋

- 雞蛋……6個
- A 魚露……30g
- 　味醂……23g
- 　蠔油……15g
- 　水……200g

1. 用鍋子把水煮沸，沸騰後，把雞蛋放入烹煮8分鐘。放進水裡面冷卻。
2. 把A混在一起，放進鍋裡煮沸。把鍋子從火爐上移開，放涼。把1的雞蛋放入，浸漬1天以上。

*6 藥念醬

- 苦椒醬……15g
- 蔗糖……7g
- 水……10g
- 濃口醬油……7g
- 芝麻油……7g
- 蜂蜜……20g

把所有材料混合。

雞蛋、雞肉三明治

用韓式拌菜和苦椒醬創造出韓國風

1 從側面切開麵包，下層的厚度約1/3，上層的厚度則約2/3。在下方切面抹上自製美乃滋，放上烤海苔、韓式涼拌豆芽。雞胸火腿裹上苦椒醬後，排放在韓式涼拌豆芽的上面。

辣椒絲是視覺與味覺的重點

2 放上韓式涼拌菠菜、切成2等分的水煮蛋，再淋上藥念醬。裝飾上辣椒絲。

パンストック

牙買加

雞蛋、雞肉三明治

使用的麵包
北之香
←10cm→

用對比麵粉110％以上的水製作而成的洛斯提克麵包，能夠感受到北海道產麵粉北之香的特有甜味，是非常受歡迎的麵包。酥脆輕薄的麵包皮、濕潤入口即化的麵包芯，就算製作成三明治，同樣也非常容易食用。

番茄
紫洋蔥片
牙買加煙燻烤雞
美式高麗菜沙拉
散葉萵苣
自製美乃滋

以「環遊世界」作為主題的三明治系列之一。主角是牙買加的名產料理「牙買加煙燻烤雞」，夾上大塊的牙買加煙燻烤雞，充滿豪華魅力。利用美式高麗菜沙拉、洋蔥片等大量的生蔬菜增添新鮮感。也能享受到清脆的韻律口感。

材料
北之香……1個
自製美乃滋（參考14頁）……2大匙
散葉萵苣……1片
美式高麗菜沙拉（參考41頁）……25g
牙買加煙燻烤雞*1……3～4塊（60g）
紫洋蔥（切片）……適量
番茄（厚度1cm的切片）……1片

*1 牙買加煙燻烤雞
A 黑胡椒粉……4大匙
　肉荳蔻粉……1.5大匙
　孜然粉……1.5大匙
　辣椒粉……適量
　芫荽粉……適量
　卡宴辣椒……適量
　蒜頭（磨成泥）……1瓣
　牙買加煙燻香料粉……1/2大匙
　蜂蜜……50g
　濃口醬油……適量
雞腿肉……2kg
菜籽油……適量

1 把 A 材料放進調理盆，攪拌均勻。

2 加入雞腿肉，仔細搓揉。在冰箱浸漬1天以上。

3 把菜籽油倒進平底鍋，開中火加熱。把2的雞腿肉放進鍋裡煎，雞皮朝下。雞皮染上烤色後，翻面，蓋上鍋蓋，用小火煎10分鐘。

製作方法

1 從側面切開麵包，下層的厚度約1/3，上層的厚度則約2/3。

2 打開切口，在下方切面抹上自製美乃滋，把散葉萵苣折成麵包大小，放在上方。

3 依序重疊美式高麗菜沙拉、牙買加煙燻烤雞、紫洋蔥片，最後把番茄放在上面。

Pain KARATO Boulangerie Cafe

パンカラト ブーランジェリーカフェ

自製唐多里烤雞佛卡夏三明治

9.5cm
4cm
12.5cm

使用的麵包
佛卡夏

在含有麥芽粉末的高筋麵粉裡面，混入全麥麵粉30%、胚芽0.1%、玉米麵粉5%的佛卡夏麵團，醇厚的味道不輸給橄欖油。放進負5℃的麵團調理機一個晚上，透過冰溫熟成，讓味道更濃郁。

雞蛋、雞肉三明治

唐多里烤雞
番茄
起司片
芥末奶油
美乃滋
水菜

把新冠疫情期間大受好評的外帶小菜，辛辣口味的唐多里烤雞製作成三明治。用水菜增加口感、起司增加濃郁、番茄片增含水嫩。麵包選擇搭配全麥麵粉和胚芽的佛卡夏。製作出滿足感極高的三明治。

材料
佛卡夏……1個
芥末奶油（市售品）……6g
水菜……20g
美乃滋……5g
起司片……15g
番茄（厚度3mm的切片）……25g
唐多里烤雞*1……40g

＊1 唐多里烤雞
雞腿肉……2kg
A 優格……400g
　薑黃……5g
　孜然……5g
　芫荽……5g
　甜椒粉……5g
　薑粉……3g
　蒜香粉……3g

把雞腿肉放進A裡面醃漬8小時以上，用平底鍋煎熟兩面，一面各煎3分鐘。

製作方法

1. 麵包從斜上方往斜下方切開，下方切面抹上芥末奶油。

2. 鋪上寬度切成2cm的水菜，擠上美乃滋。排列上寬度切成4cm的起司，重疊上番茄、唐多里烤雞。

牛肉、豬肉、其他肉類的

三明治

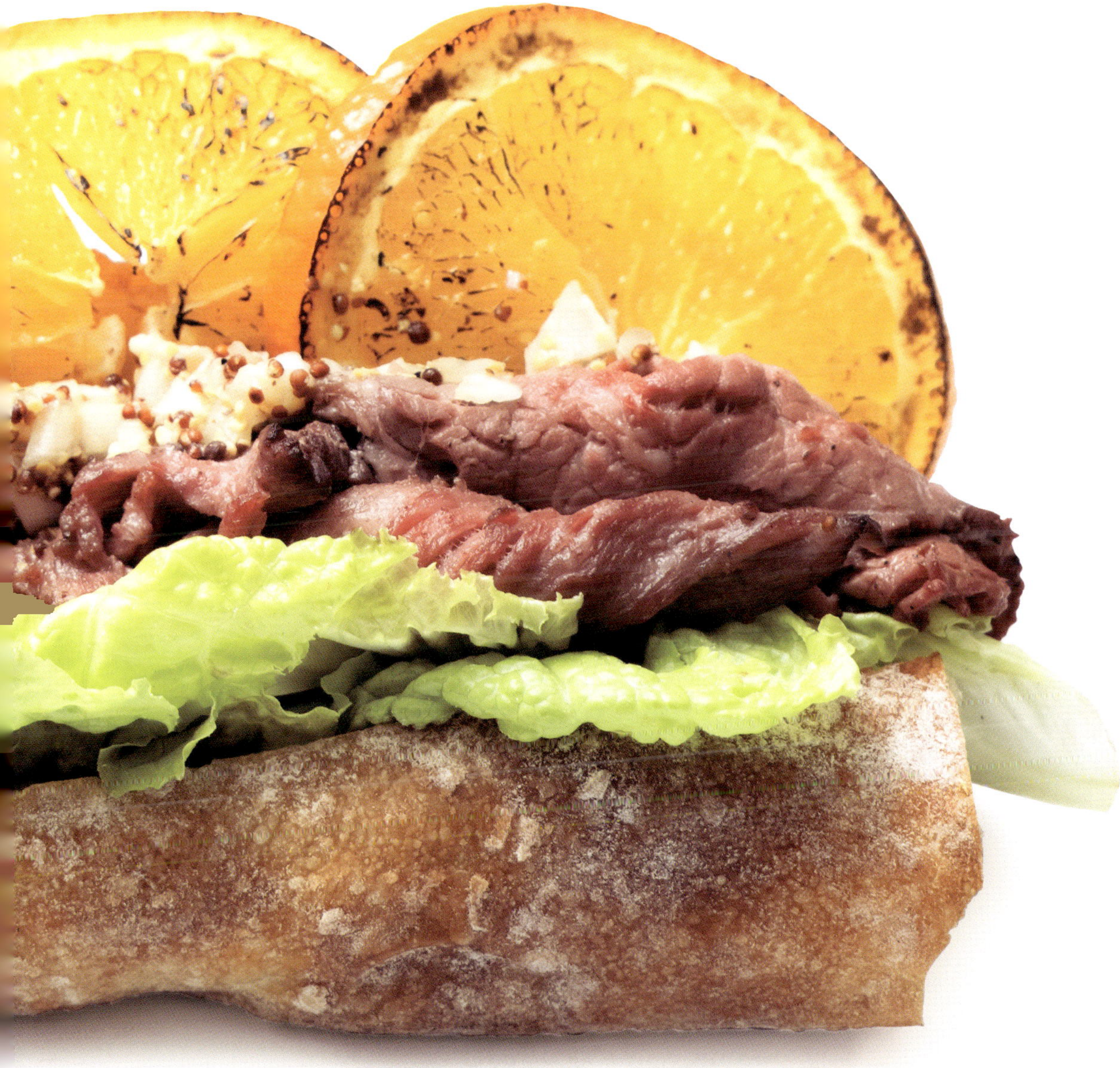

Craft Sandwich

クラフト サンドウィッチ

烤牛肉＆舞茸

使用的麵包
迷你長棍麵包

18.5cm

尺寸偏小的長棍麵包，長度為正常尺寸的1/3。為了突顯食材的味道，而選擇中性風味的麵包。考慮到易食用性，選擇了麵包皮較薄、麵包芯有嚼勁的長棍麵包，不過，烤過之後，口感會變得更加酥脆。

牛肉、豬肉、其他肉類的三明治

標示（小圖）：
- 醃漬紫甘藍
- 萵苣
- 醃漬胡蘿蔔
- 烤舞茸
- 自製烤牛肉
- 第戎芥末美乃滋

夾上烤牛肉和大量蔬菜的經典菜單之一，在秋冬的寒冷季節搭配烤舞茸，演繹出季節感。烤牛肉搭配的是，法國第戎芥末醬和美乃滋混合而成的第戎芥末美乃滋。新鮮的平葉洋香菜是味覺的亮點所在。

材料
迷你長棍麵包……1個
第戎芥末美乃滋＊1……25g
自製烤牛肉＊2……50g
烤舞茸＊3……20g
醃漬紫甘藍＊4……20g
醃漬胡蘿蔔＊5……14g
萵苣……10g

＊1 第戎芥末美乃滋
把平葉洋香菜（10g）、法國第戎芥末醬（50g）、美乃滋（100g）混合在一起。

＊2 自製烤牛肉
把牛腿肉（約500g）、蓋朗德海鹽（牛肉的1%）、EXV橄欖油（15g）放進真空包裡面，充分搓揉後，用舒肥機（58℃）加熱3小時半。放進冰箱冷藏，切成厚度2mm的切片。

＊3 烤舞茸
把舞茸的蒂頭切掉，剝成小朵（1包），淋上EXV橄欖油（10g），用180℃的烤箱烤10分鐘。放進冰箱冷卻，撒上少量的鹽巴（蓋朗德海鹽）。

＊4 醃漬紫甘藍
紫甘藍（1/4顆）、紅洋蔥（1/8個）切絲，和鹽巴（5g）、蔗糖（5g）、EXV橄欖油（10g）、白酒醋（20g）一起混拌。

＊5 醃漬胡蘿蔔
胡蘿蔔（1/2條）削皮，切成厚度2mm的薄片。把白酒醋（50g）、水（25g）、蔗糖（15g）、蓋朗德海鹽（1g）放進鍋裡煮沸。把鍋子從火爐上移開，加入胡蘿蔔，浸漬30分鐘以上。

製作方法
1. 從側面切開麵包，在兩邊的切面抹上第戎芥末美乃滋。
2. 夾上自製烤牛肉、烤舞茸、醃漬紫甘藍、醃漬胡蘿蔔、萵苣。

33（サンジュウサン）

烤牛肉 & 柳橙

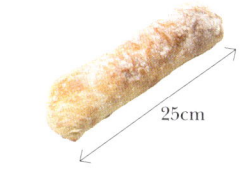

使用的麵包
長條麵包

25cm

麵包芯彈牙有嚼勁、麵包皮酥脆的三明治專用麵包。長棍麵包麵團使用北海道產的中高筋麵粉，在13～18℃的溫度下發酵一晚，分割成200g。確實發酵，烘烤出鬆軟、輕盈的口感。切成1/2使用。

低溫調理牛腿肉，製作出濕潤口感的烤牛肉，然後再加上新洋蔥和乾鹽培根，由芥末粒和橄欖油混合製成的醬料酸味和口感形成亮點。用烤箱烤的帶皮柳橙充滿柳橙濃縮的甜味和香氣，讓烤牛肉的鮮味更鮮明。

（圖示標註：紅萵苣、烤牛肉、新洋蔥培根醬、烤柳橙）

材料
- 長條麵包……1/2個
- 紅萵苣……1片
- 烤牛肉*1……90～100g
- 新洋蔥培根醬*2……40～50g
- 烤柳橙*3……2片

*1 烤牛肉
把鹽巴（牛肉重量的1.5%）和適量的黑胡椒、孜然粉塗抹在牛腿肉（2kg）上面，抹上EXV橄欖油，放進真空包裝裡面，在冰箱內靜置2天。用63～65℃的舒肥機加熱1小時30分鐘，切成厚度2～3mm的切片。

*2 新洋蔥培根醬
- 新洋蔥……1.5個
- 培根……300g
- 芥末粒……150g
- 黑胡椒……適量
- EXV橄欖油……適量

1. 新洋蔥切成碎粒泡水，把水瀝乾。培根切碎。
2. 把芥末粒、黑胡椒和橄欖油倒進1裡面混拌。

*3 烤柳橙
柳橙帶皮狀態下，切成厚度5mm的切片，用下火210℃、上火250℃的烤箱烤8～10分鐘。

製作方法
1. 切開麵包，放入紅萵苣。
2. 重疊放上烤牛肉，淋上新洋蔥培根醬。
3. 放上烤柳橙。

牛肉、豬肉、其他肉類的三明治

グルペット

自製烤豬與八朔、茼蒿、核桃棒三明治

使用的麵包
核桃洛斯提克麵包

搭配對比麵團15%的核桃。核桃容易吸水，所以使用含水率103%的麵團。麵粉是帶有甜味，風味絕佳的北之香100%。用微量的酵母發酵，帶出麵粉的風味。

10cm / 10cm

牛肉、豬肉、其他肉類的三明治

迷迭香
芥末發泡鮮奶油
八朔果醬
茼蒿沙拉
自製烤豬肉
奶油

把義大利主廚傳授的組合「茼蒿×八朔×燻牛肉×芥末發泡鮮奶油」應用在三明治上面。肉採用比較有嚼勁的烤豬肉。八朔果醬的靈感來自塗抹英國果醬的三明治。醇厚的芥末發泡鮮奶油讓整體的味道更為一致。

材料
核桃洛斯提克麵包……1個
奶油……10g
茼蒿沙拉*1……25g
自製烤豬肉*2……80g
八朔果醬*3……20g
芥末發泡鮮奶油*4……1大匙
迷迭香……1枝

*1 茼蒿沙拉
把義大利香醋（60g）、EXV橄欖油（60g）、鹽巴（3g）、黑胡椒（少量）混在一起，放入切成段的茼蒿（100g）拌勻。

*2 自製烤豬肉
把血橙（切片，100g）、橄欖油（50g）、蜂蜜（30g）、鹽巴（20g）、黑胡椒（5g）、迷迭香（2枝）混合在一起，製作成醃漬液，放入豬肩胛肉（1.5kg）浸泡一晚。連同醃漬液一起，用63℃的隔水加熱，低溫調理5小時。把表面煎至香酥，切成厚度1.5cm的切片。

*3 八朔果醬
八朔剝掉果皮，去除瓜瓤，剝掉薄皮。果皮切成細條，和果肉混在一起。加入重量40%的精白砂糖，持續熬煮至水分收乾。

*4 芥末發泡鮮奶油
把鮮奶油（乳脂肪含量38%，100g）打發至10分發，加入芥末粒（50g）混拌。

製作方法
1 在下方的切面抹上奶油。夾入茼蒿沙拉、烤豬肉、八朔果醬。鋪上芥末發泡鮮奶油，裝飾上迷迭香。

サンドイッチアンドコー
BTM三明治

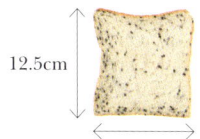

使用的麵包
芝麻麵包
12.5cm × 11.5cm

店內使用的麵包，完全不使用添加物、防腐劑。鬆軟麵團裡面的黑芝麻顆粒口感和香酥風味是重點所在。使用六片切的厚度。

牛肉、豬肉、其他肉類的三明治

烤豬肉
法國第戎芥末醬
醃漬紫洋蔥
美乃滋
生鮮萵苣
豆腐奶油起司
雞蛋沙拉
切達起司
花生醬

BTM不同於BLT，正如其名，BTM的主角是豬肉、雞蛋和紫洋蔥。此外，再加上生鮮萵苣、豆腐奶油起司等充滿健康感的食材，製作出營養均衡的三明治。用香草鹽混拌的雞蛋沙拉的香氣、醃漬紫洋蔥的苦味和酸味形成亮點。

材料（2份）
芝麻麵包……2片
花生醬……1大匙
切達起司（片）……1片
豆腐奶油起司（參考20頁）……2小匙
烤豬肉*1……約70g（3～4片）
雞蛋沙拉（參考21頁）……60g
生鮮萵苣……1～2片
美乃滋……5g
醃漬紫洋蔥*2……25g
法國第戎芥末醬……6g

＊1 烤豬肉
豬肩胛肉（1kg）撒上鹽麴（5大匙），充分搓揉，在冰箱內放置一晚。用125℃的烤箱烤99分鐘。關火，在烤箱門關閉的狀態下，靜置40分鐘。

＊2 醃漬紫洋蔥
紫洋蔥切片，用雜糧醋和香草鹽拌勻。

製作方法
1. 取1片麵包抹上花生醬，重疊上切達起司、豆腐奶油起司、厚度2mm的烤豬肉、雞蛋沙拉。

2. 放上生鮮萵苣，擠上美乃滋，放上醃漬紫洋蔥。另1片麵包抹上法國第戎芥末醬，重疊在最上方。用紙包起來，切成對半。

サンドイッチアンドコー
烤豬與舞茸香草

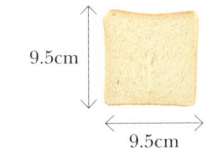

使用的麵包
白麵包（小）
9.5cm × 9.5cm

選擇不輸給大量餡料，蓬鬆、Q彈的吐司。配菜類餡料的厚度控制在1.5cm以內，水果類餡料的厚度則控制在1.2cm以內。掌握「吐司邊也是美味要素」的重點，在保留吐司邊的狀態下，直接夾上食材，也是一種堅持。

牛肉、豬肉、其他肉類的三明治

圖示標註：
- 法國第戎芥末醬
- 涼拌胡蘿蔔
- 綠葉生菜
- 香煎舞茸
- 美乃滋
- 水煮蛋
- 烤豬肉
- 花生醬、豆腐奶油起司

概念是「享受舞茸的口感和香氣的三明治」。因此，豬肉索性採用薄切，以避免太過搶眼。用橄欖油和香草鹽簡單香煎的舞茸則採用與豬肉相同的份量。豆腐奶油起司的濃郁和美乃滋的酸味，成為與吐司之間的絕妙橋樑。

材料（2份）
- 白麵包……2片
- 花生醬……1/2大匙
- 豆腐奶油起司（參考20頁）……1小匙
- 烤豬肉（參考51頁）……約35g
- 香煎舞茸*1……35g
- 水煮蛋……1/3個
- 綠葉生菜……1片
- 美乃滋……2.5g
- 涼拌胡蘿蔔（參考21頁）……5g
- 法國第戎芥末醬……3g

＊1 香煎舞茸
用平底鍋加熱橄欖油，放入舞茸翻炒，用香草鹽調味。

製作方法

1. 取1片麵包抹上花生醬，再抹上豆腐奶油起司。

2. 排放上厚度切成2mm的烤豬肉，放上香煎舞茸。

3. 排放上切片的水煮蛋，疊上綠葉生菜，擠上美乃滋。放上涼拌胡蘿蔔。

4. 另1片麵包抹上法國第戎芥末醬，重疊在上方。用紙包起來，切成對半。

サンドイッチアンドコー

叉燒與蔥油水煮蛋三明治

使用的麵包
芝麻麵包
12.5cm × 11.5cm

店內使用的麵包，完全不使用添加物、防腐劑。鬆軟麵團裡面的黑芝麻顆粒口感和香酥風味是重點所在。使用六片切的厚度。

圖解：
- 法國第戎芥末醬
- 蔥油
- 綠葉生菜
- 美乃滋
- 叉燒
- 水煮蛋
- 切達起司、豆腐奶油起司
- 花生醬

為了改良失敗的烤豬肉而誕生。先浸漬自製鹽麴，煎過之後，再用醬汁燉煮，製作成肉質鮮味倍增的叉燒，再搭配上以拉麵為形象的水煮蛋和蔥油，藉此增添些許玩心。蔥的清脆口感和辛辣形成亮點。

牛肉、豬肉、其他肉類的三明治

材料（2份）

- 芝麻麵包……2片
- 花生醬……1大匙
- 切達起司（切片）……1片
- 豆腐奶油起司（參考20頁）……2小匙
- 叉燒（厚度1m的切片）*1……150g
- 水煮蛋（切片）*2……1個
- 綠葉生菜……1～2片
- 美乃滋……5g
- 蔥油*3……20g
- 法國第戎芥末醬……6g

*1 叉燒

豬肩胛肉（2kg）撒上鹽麴（5大匙），充分搓揉後，放置一晚。用120℃的烤箱烤99分鐘。把豬肉、醬油（200ml）、味醂（6大匙）、酒（4大匙）、蔗糖（4大匙）、蔥的綠色部分（2～3支）放進鍋裡，加入幾乎淹過食材的水加熱。沸騰後，用小火烹煮1小時。

*2 水煮蛋

把水煮蛋放進烹煮叉燒的湯汁裡面溫熱。直接放涼，在冰箱內放置一晚以上。

*3 蔥油

把雞湯（顆粒，1大匙）、辣油搓入白髮蔥（長蔥3～4支），放置一晚。

製作方法

1. 取1片麵包抹上花生醬，層疊上切達起司、豆腐奶油起司、叉燒、水煮蛋。疊上綠葉生菜，擠上美乃滋，鋪上油蔥。

2. 另1片麵包抹上法國第戎芥末醬，重疊在上方。用紙包起來，切成對半。

THE ROOTS neighborhood bakery

ザ・ルーツ・
ネイバーフッド・ベーカリー

酸黃瓜
與鹽豬三明治

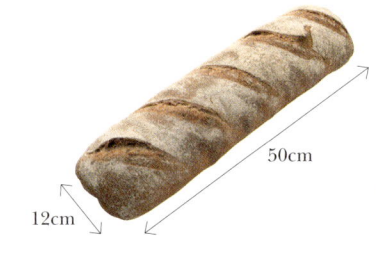

使用的麵包
坎帕涅麵包

添加黑麥的大型麵包，同時也是該店的招牌商品。使用2種自製酵母種，充分發酵一個晚上的濃厚味道別具魅力。將麵團塑形成細長狀，避免產生太多氣泡，切成專門用來製作三明治的切片。

50cm / 12cm

牛肉、豬肉、其他肉類的三明治

標示圖：酸黃瓜、芥末美乃滋、鹽豬

乍看起來，似乎就只是個夾了火腿、黃瓜的簡單三明治。不過，細節部分卻不簡單。小黃瓜放進與坎帕涅麵包相同的酸酵頭裡面浸漬，製作成微酸的醃漬小黃瓜。先烤出焦酥表面再進行低溫烹調的鹽豬，和芥末美乃滋之間的協調搭配，激發出前所未有的美好滋味。

材料
坎帕涅麵包（厚度1.2cm的切片）……2片
芥末美乃滋*1……2大匙
酸黃瓜片*2……8片（40g）
鹽豬*3……3片（25g）

***1 芥末美乃滋**
把芥末粉（10g）放進美乃滋（500g）裡面攪拌均勻，在冰箱內放置一晚。

***2 醃漬小黃瓜**
小黃瓜的外皮削成條紋狀，撒上鹽巴，充分搓揉，在冰箱內放置一晚。用水清洗後，把水分擦乾，放進麵包用的酸酵頭裡面浸漬2天。取出後，清洗乾淨，切成厚度5mm左右的薄片。

***3 鹽豬**
豬五花（塊）……1kg
鹽巴（豬肉的3%）……30g
精白砂糖（豬肉的1%）……10g
橄欖油……適量

1 豬五花肉搓揉上鹽巴、精白砂糖，用保鮮膜包起來，在冰箱內浸漬2晚。

2 把橄欖油倒進平底鍋，用中火加熱，豬五花肉的表面清洗後，把油脂較多的那一面煎出烤色。製作成真空包，用75℃隔水加熱1小時。切成厚度5mm的薄片。

製作方法

1 取2片麵包抹上芥末美乃滋。

2 依序把酸黃瓜片、鹽豬片疊放在其中一片麵包上面。

3 把芥末美乃滋抹在另1片麵包上面，重疊在上方。

33（サンジュウサン）

阿爾薩斯酸菜 & 鹽漬栗飼豬

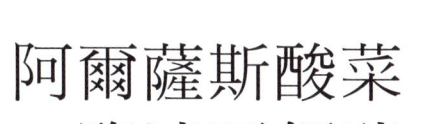

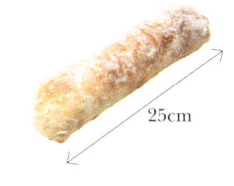

使用的麵包
長條麵包

麵包芯彈牙有嚼勁、麵包皮酥脆的三明治專用麵包。長條麵包麵團使用北海道產的中高筋麵粉，在13～18℃的溫度下發酵一晚，分割成200g。確實發酵，烘烤出鬆軟、輕盈的口感。切成1/2使用。

25cm

牛肉、豬肉、其他肉類的三明治

豬肩胛肉用低溫烹調的方式鎖住鮮味，用烤箱烤香表面之後，切成較厚的厚片。連同利用真空烹調法讓春季高麗菜發酵出酸味的阿爾薩斯酸菜和烤馬鈴薯，用硬式麵包夾起來。高麗菜的酸味和清脆感令人食指大動。

- 烤馬鈴薯
- 鹽漬栗飼豬
- 阿爾薩斯酸菜
- 奶油、芥末

材料
- 長條麵包……1/2個
- 奶油……10g
- 芥末……5g
- 紅萵苣……1片
- 阿爾薩斯酸菜*1……45g
- 鹽漬栗飼豬*2……100～110g
- 烤馬鈴薯*3……2片

*1 阿爾薩斯酸菜
春季高麗菜（1顆，約650g）切成大塊，撒上鹽巴（高麗菜的2%）搓揉。製作成真空包裝，在室溫下放置2～3星期，讓高麗菜發酵。

*2 鹽漬栗飼豬
使用豬肩胛肉（3kg）。豬肉切成2等分，把鹽巴（豬肉的1.5%）和精白砂糖（豬肉的0.5%）塗抹在整體。製作成真空包裝，用70～72℃的舒肥機加熱3小時之後，用上火240℃、下火250℃的烤箱烤15～20分鐘。切成厚度8mm的薄片。

*3 烤馬鈴薯
馬鈴薯帶皮，切成厚度6mm的薄片。撒上些許鹽巴，用上火240℃、下火250℃的烤箱烤8分鐘。

製作方法
1. 麵包切開，抹上奶油和芥末。鋪上紅萵苣。
2. 放上少量的阿爾薩斯酸菜，疊上鹽漬栗飼豬。
3. 放上烤馬鈴薯，再把剩餘的阿爾薩斯酸菜放上。

グルペット

豬肉蛋堡

靈感來自在社群軟體上看到的不加雞蛋的豬排蓋飯。讓非常受歡迎的「厚煎高湯蛋捲三明治」和「里肌豬三明治」合體。高湯蛋捲和里肌豬排全都採用3cm的厚度，然後和口感柔韌的「鹹奶油麵包」組合在一起。奶油和高湯蛋捲、豬排的風味融為一體。

里肌豬、和風醬
高湯蛋捲
高麗菜
美乃滋

gruppetto

使用的麵包
鹹奶油麵包

使用天然酵母，低溫長時間發酵，使用高水含量的吐司麵團。分割成120g，把10g的有鹽奶油包裹在其中，塑形。進烤箱之前，抹上融化奶油，撒上岩鹽後烘烤。麵包的柔韌口感和豬排的酥脆形成有趣的對比。

←10cm→

材料
鹹奶油麵包……1個
美乃滋……10g
高麗菜（切絲）……25g
高湯蛋捲*1……60g
里肌豬排*2……130g
和風醬*3……30g

*1 高湯蛋捲
雞蛋……8個
柴魚昆布高湯……180g
薄鹽醬油……10g

雞蛋打散，加入高湯和薄鹽醬油混拌。把沙拉油倒進煎蛋器，分多次倒入蛋液，用筷子邊捲邊煎。放涼後，分切成10等分。

*2 里肌豬排
把里肌豬肉、豬肉重量1%的鹽巴、1%的橄欖油真空包裝，用63℃的熱水，低溫烹調90分鐘。抹上麵包粉，用180℃的沙拉油油炸。放涼後，切成寬度3cm。

*3 和風醬
味醂……180g
A 濃口醬油……60g
　 鰹魚湯底……10g
　 蔗糖……30g
　 太白粉……15g

把味醂煮沸，酒精揮發後，加入預先混拌的A。

製造方法
1. 從側面切開麵包，把美乃滋擠在下方的切面。
2. 放上切絲的高麗菜，重疊上高湯蛋捲和里肌豬排。淋上和風醬。

牛肉、豬肉、其他肉類的三明治

ベイクハウス イエローナイフ

古巴三明治

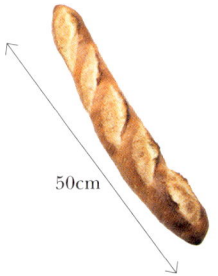

使用的麵包
法國長棍麵包

特徵是麵團裡面添加的自製麥芽糖，利用自我分解法讓麵團充分吸水後，發酵90分鐘，捶打後再發酵40分鐘，之後再烘烤。用直捏法製作出口感清淡，百吃不膩的法國長棍麵包。

50cm

牛肉、豬肉、其他肉類的三明治

切達起司 — **融化奶油**
無鹽維也納香腸 — **手撕豬肉**
黃芥末

夾上大量的自製手撕豬肉，再進一步夾上長長的維也納香腸，份量十足的古巴三明治。手撕豬肉和燒烤鋪底的蔬菜一起混拌，讓胡蘿蔔、洋蔥的甜味也成為鮮味的來源。餡料夾進法國長棍麵包後，在沒有壓縮的情況下進行烘烤，所以也能品嚐到麵包本身的美味。

材料（3份）
法國長棍麵包……1條
黃芥末……5g
手撕豬肉*1……100g
無鹽維也納香腸……3條
切達起司……20g
融化奶油……5g

*1 手撕豬肉
豬肩胛肉……2kg
Ⓐ 鹽巴、黑胡椒……各1大匙
　砂糖……3大匙
　辣椒粉……3大匙
　卡宴辣椒粉……少量
　孜然粉……2小匙
水……150g
洋蔥……1個
胡蘿蔔……1條
蒜頭……2瓣
Ⓑ 烤肉醬……275g
　番茄醬……200g
　鹽巴、黑胡椒……各適量

1. 把Ⓐ塗抹在豬肩胛肉上面，在冰箱內放置2天左右。
2. 把水倒進鑄鐵荷蘭鍋，放入厚切的洋蔥、胡蘿蔔、蒜頭和1加熱，沸騰之後，改用小火加熱5分鐘。
3. 蓋上鍋蓋，用200℃的烤箱加熱2小時，直接靜置燜熱1小時。放涼後，加入Ⓑ混拌。

製作方法

1. 從側面切開麵包，在下方的切面抹上黃芥末。放上手撕豬肉、無鹽維也納香腸、切達起司，在麵包的表面抹上融化奶油。
2. 放在烤盤上面，蓋上烤盤墊，上方也疊上烤盤，用240℃的烤箱烤14分鐘。分切成3等分。

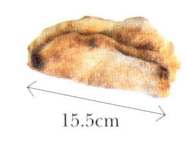

グルペット
台灣漢堡

使用的麵包
派克麵包卷

15.5cm

以微甜、蓬鬆口感的吐司麵團撳壓成扁平的圓形,在單面抹上橄欖油,像割包那樣折成對半,成形。麵包邊緣的薄脆口感是其特色所在。

半熟水煮蛋、芝麻油
白髮蔥、蘿蔔嬰、五香粉
自製烤豬肉、烤豬肉沾醬
醃漬高菜、花生
炒青江菜
美乃滋

曾經在台灣吃過「豬肉×酸菜×花生」的組合,於是便根據台灣的「割包」發揮創意。甜鹹沾醬與半熟水煮蛋搭配得恰到好處,提升滿足感,同時再撒上關鍵的五香粉,製作充滿異國風味的三明治。把芝麻油抹在切片的半熟水煮蛋上面,預防乾燥的同時,還能增添風味。這部分也是重點之一。

材料
派克麵包卷……1個
美乃滋……10g
炒青江菜*1……2片
自製烤豬肉（厚度1cm的切片）*2……2片
烤豬肉沾醬*3……10g
半熟水煮蛋（切片）*4……3片
芝麻油……少量
醃漬高菜（市售品）……10g
花生……少量
白髮蔥……5g
蘿蔔嬰……5g
五香粉……少量

*1 炒青江菜
用芝麻油炒,撒鹽。

*2 自製烤豬肉
把濃口醬油（200g）、中式醬油（100g）、味醂（150g）、酒（150g）、黑糖（100g）、蒜頭（1瓣）、青蔥（1支）混在一起,製作成醃漬液,將豬肩胛肉（1kg）放進醃漬液裡面浸漬一晚。連同醃漬液一起用63℃隔水加熱,低溫烹調5小時。取出豬肉,擦乾水分,把蜂蜜（30g）塗抹在表面,用200℃的烤箱烤10分鐘。醃漬液留著備用。

*3 烤豬肉沾醬
熬煮自製烤豬肉的醃漬液,直到呈現稠狀。

*4 半熟水煮蛋
熬煮自製烤豬肉用來浸漬豬肉的醃漬液。把半熟水煮蛋放進放涼的烤豬肉沾醬裡面,浸漬12小時以上。

製作方法
1 把麵包從中間剝開,將美乃滋擠進中央。放上炒青江菜、烤豬肉,抹上沾醬。排放上半熟水煮蛋,在表面抹上芝麻油。

2 重疊上醃漬高菜,撒上花生。放上白髮蔥和蘿蔔嬰,撒上五香粉。

牛肉、豬肉、其他肉類的三明治

ザ・ルーツ・ネイバーフッド・ベーカリー
滷肉麵包

把鹹甜滋味的豬肉淋在白飯上面的「滷肉飯」是起源於台灣、深受日本民眾喜愛的蓋飯。某天在街上看到被商品化的「滷肉飯糰」，因而有了改良成三明治的想法。用耐嚼、鬆軟的拖鞋麵包夾起來，再加上咖哩風味的豆芽菜和微辣的水煮蛋，藉此強調台灣風味。

水煮蛋
紅萵苣
咖哩風味的酸菜和豆芽菜
滷肉

THE ROOTS neighborhood bakery

使用的麵包
拖鞋麵包

專門烤來製作三明治的拖鞋麵包是手捏的半硬質類型。紮實的嚼勁和酥脆的口感，非常適合製成三明治。添加了10%的橄欖油，就算冰過仍不會變硬，非常適合製成冷藏三明治。

←11cm→

材料

- 拖鞋麵包……1個
- 紅萵苣……2片
- 滷肉*1……30g
- 咖哩風味的高菜和豆芽菜*2……30g
- 水煮蛋*3……1/4個×2

*1 滷肉
- 豬肉丁……1kg
- 橄欖油……適量
- 蒜頭（細末）……3瓣
- 薑（細末）……15g
- 水……適量
- 濃口醬油……150ml
- 味醂……50ml
- 蠔油……30g
- 精白砂糖……100g
- 五香粉……適量

1. 把豬肉丁切成一口大小。把橄欖油倒進平底鍋，開中火加熱，放入蒜頭、薑炒出香氣後，放入豬肉拌炒。
2. 加入幾乎淹過食材的水量，加入濃口醬油、味醂、蠔油、精白砂糖，開大火加熱。沸騰後，改成中火，熬煮至水量剩下約1/3左右。起鍋前加入五香粉。
3. 在冰箱內放置一晚，讓味道充分入味。

*2 咖哩風味的高菜和豆芽菜
- 豆芽菜……2包
- 日本油菜……2把
- 醃漬高菜（市售品）……100g
- 橄欖油……適量
- 蒜頭（細末）……3瓣
- 鹽巴……適量
- 咖哩粉……15g

1. 把豆芽菜和日本油菜清洗乾淨，分別水煮。日本油菜切成長度2cm左右。醃漬高菜切成相同長度。
2. 把橄欖油倒進平底鍋，開中火加熱，加入蒜頭，炒出香氣，放入醃漬高菜拌炒。用鹽巴調味，加入咖哩粉混拌。把鍋子從火爐上移開，放涼。
3. 把豆芽菜、日本油菜、2的炒高菜混在一起，用鹽巴調味。淋上橄欖油，在冰箱內放置一晚，讓味道入味。

*3 水煮蛋

用鍋子把水煮沸，放入雞蛋（15個），烹煮7分鐘。放進水裡冷卻，剝掉蛋殼。把水（150g）和濃口醬油（150ml）、味醂（70ml）、精白砂糖（30g）放進鍋裡，開大火加熱，沸騰後，熬煮出醬汁。把鍋子從火爐上移開，放涼後，把水煮蛋放進醬汁裡面浸漬，加入五香粉（適量），製作成真空包裝。在冰箱內放置一晚，讓味道入味。

萵苣撕成容易食用的大小

1 從側面切開麵包。把紅萵苣撕成適當大小，夾進麵包裡面。

把餡料塞進麵包深處，製作出份量感

2 把滷肉放在紅萵苣上面，在滷肉上面重疊上咖哩風味的高菜和豆芽菜。把餡料塞進切口的深處。

面向正面的水煮蛋剖面令人印象深刻

3 把水煮蛋橫切成2等分，再進一步縱切成對半，排列上2個，讓正面可以清楚看到剖面。

牛肉、豬肉、其他肉類的三明治

シャポードパイユ

合鴨與無花果紅酒醬

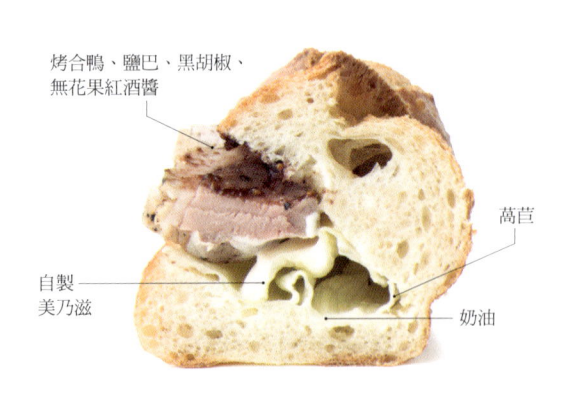

烤合鴨、鹽巴、黑胡椒、
無花果紅酒醬

萵苣

自製
美乃滋

奶油

把無花果乾、紅酒、義大利香醋、砂糖熬煮成糊狀的酸甜濃稠醬汁，和夾在長棍麵包裡面的合鴨、奶油的油脂十分速配。低溫烹調的合鴨，彈性恰到好處，口感柔軟，容易咀嚼，也容易吞嚥。

Chapeau de paille

使用的麵包
法國長棍麵包

在麵團裡面添加芝麻油，藉此增加香酥氣味，製作成更加酥脆的長棍麵包。低溫長時間發酵，讓麵包芯充滿柔韌口感。用210℃烤21分鐘，烤出薄脆的麵包皮。

25cm

材料
法國長棍麵包……1個
奶油……12g
萵苣……30g
自製美乃滋*1……13g
烤合鴨*2……40g
鹽巴……適量
黑胡椒……適量
無花果紅酒醬*3……5g

*1 自製美乃滋
A 蛋黃……6個
　紅酒醋……100g
　法國第戎芥末醬……100g
　鹽巴……24g
葵花籽油……2ℓ

把 A 放進筒狀的容器裡面，慢慢倒入葵花籽油，一邊用手持攪拌器攪拌，讓整體確實乳化。

*2 烤合鴨
合鴨的鴨胸肉……300g
鹽巴……適量
黑胡椒……適量
迷迭香……適量

1 把鹽巴和黑胡椒撒在合鴨的鴨胸肉上面，連同迷迭香一起放進耐熱塑膠袋，真空之後，放置一晚。
2 把合鴨的鴨胸肉從塑膠袋內取出，用平底鍋將表面煎出烤色。
3 用煙燻機煙燻1～2小時。
4 再次放進耐熱塑膠袋裡面，真空之後，用65℃的熱水低溫烹調2小時。完成的時候，肉質充滿彈性，中央呈現淡粉紅色。放涼後，切成厚3mm的薄片。

*3 無花果紅酒醬
無花果乾……120g
紅酒……360g
義大利香醋……120g
精白砂糖……60g

把材料放進鍋裡，熬煮至濃稠程度，用手持攪拌器攪拌成糊狀。

美乃滋是餡料和蔬菜的黏著劑

1 從側面切開麵包，讓上下幾乎均等。打開切口，抹上軟化成髮蠟狀的奶油，放上撕成一口大小的萵苣。像劃線那樣，在中央擠上一條自製美乃滋。

合鴨切成3mm，追求與麵包之間的整體感

2 在萵苣上面排放5片厚度3mm的烤合鴨，撒上鹽巴、黑胡椒。

酸甜醬汁和肉、奶油最對味

3 把用無花果乾和紅酒熬煮而成的濃醇無花果紅酒醬擠在合鴨上面。酸甜滋味在嘴裡擴散，和合鴨、塗抹在長棍麵包上的濃郁奶油十分對味。

牛肉、豬肉、其他肉類的三明治

BAKERY HANABI

ごちそうパン ベーカリー花火

合鴨與深谷蔥抹醬三明治佐照燒紅酒醬

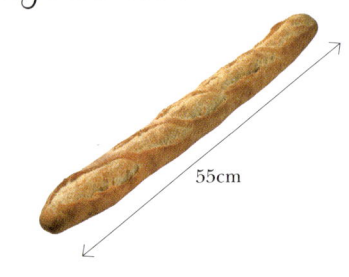

使用的麵包
法國長棍麵包

55cm

以加拿大產的麵粉為基底，搭配20%的北之香全麥麵粉。為了讓孩子、長者都能輕鬆食用，將麵包製作成表面酥脆，裡面鬆軟的口感。

牛肉、豬肉、其他肉類的三明治

嫩薑甜醋漬、平葉洋香菜
烤深谷蔥
莫札瑞拉起司
涼拌紫甘藍
烤合鴨、照燒醬
奶油起司

鴨皮酥脆的香煎合鴨和低溫烘烤的深谷蔥是味覺的核心，利用濃醇的奶油起司和添加紅酒的照燒醬，製作出符合法國長棍麵包的西式風味。取代醃菜的嫩薑甜醋漬、燻製油的煙燻香氣增添複雜和個性。

材料
法國長棍麵包（切成寬度13cm）……1個
奶油起司……30g
涼拌紫甘藍*1……30g
烤合鴨（厚度5mm的切片）*2……3片
照燒醬*3……適量
烤深谷蔥*4……45g
莫札瑞拉起司……2粒
嫩薑甜醋漬（市售品，細末）……20g
燻製橄欖油*5……適量
平葉洋香菜（生、乾）……適量

*1 涼拌紫甘藍
紫甘藍（1顆）切絲，加入鹽巴（一撮）、白酒醋（500ml），靜置1小時。

*2 烤合鴨
鴨里肌肉煎過之後，用180℃的烤箱加熱10分鐘。用鋁箔紙包起來，靜置20分鐘。

*3 照燒醬
醬油、味醂、酒、砂糖，以相同比例混拌，加熱（A）。把奶油（50g）、熬煮的紅酒（100ml）倒進A（100ml）裡面。

*4 烤深谷蔥
切成6cm寬的段狀，用200℃的烤箱烤10分麵。使用3個。

*5 燻製橄欖油
用櫻樹木屑燻製出香氣。

製作方法
1. 在切面塗抹奶油起司，夾上紫甘藍、鴨肉，淋上照燒醬。

2. 放上深谷蔥、莫札瑞拉起司、嫩薑甜醋漬，淋上燻製橄欖油，隨附上平葉洋香菜。

33 （サンジュウサン）

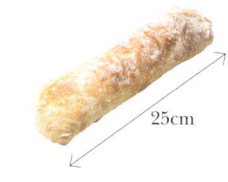

鴨＆義大利香醋草莓醬

使用的麵包
長條麵包 25cm

麵包芯彈牙有嚼勁、麵包皮酥脆的三明治專用麵包。長條麵包麵團使用北海道產的中高筋麵粉，在13～18℃的溫度下發酵一晚，分割成200g。確實發酵，烘烤出鬆軟、輕盈的口感。切成1/2使用。

牛肉、豬肉、其他肉類的三明治

低溫烹調後，用瓦斯噴槍把鴨皮烤香的鴨胸肉和酸甜草莓醬的組合。草莓撒上精白砂糖，發酵之後，和紅酒、義大利香醋和草莓醬混在一起加熱，製作出濃稠、醇厚且豐富的味道。芥末粒的酸味和辣味讓整體的味道更紮實。

（剖面標示：芝麻菜、草莓醬、芥末粒、紅萬苣、烤鴨）

材料
- 長條麵包……1/2個
- 芥末粒……適量
- 紅萬苣……1片
- 烤鴨*1……3片
- 草莓醬*2……30g
- 芝麻菜……1片

*1 烤鴨
用56℃的舒肥機，把真空包裝的日本產鴨胸肉（2kg，約9片）加熱1小時。用醬油、鹽巴、黑胡椒調味。用瓦斯噴槍把鴨皮烤酥，切成厚度8mm的切片。

*2 草莓醬
- 甜菜根……80g
- 紅酒……150g
- 義大利香醋……50g
- 發酵草莓*3……300g
- 無花果醬……80～100g

1 甜菜根削除外皮，切成較小的丁塊。
2 把紅酒和義大利香醋放進鍋裡煮沸。加入1和發酵草莓，把甜菜根烹煮至軟爛。
3 加入草莓醬，呈現濃稠狀後，關火。

*3 發酵草莓
把草莓（300g）的蒂頭去除，和精白砂糖混在一起，進行真空包裝。在室溫底下放置發酵5～6天。

製作方法
1 切開麵包，抹上芥末粒。
2 鋪上紅萬苣，放上烤鴨。
3 從草莓醬裡面取1顆草莓放上，淋上草莓醬，放上芝麻菜。

Bakery Tick Tack

ベーカリー チックタック

瞬間燻製鴨肉與柑橘三明治

使用的麵包
高含水軟式法國麵包

12cm

開發靈感源自於「硬式類型的麵包」。為製作出能夠感到小麥芳香的麵團，搭配40％的北海道產小麥綜合麵粉，再加上90％的含水率，藉此製作出酥脆口感。使用葡萄乾酵母種，進行2天的低溫發酵，讓小麥的香氣更濃醇。

牛肉、豬肉、其他肉類的三明治

在和柑橘農家共同舉辦的活動中誕生的三明治。法國料理中柑橘和鴨肉的經典組合，搭配脆軟的法國麵包。照片中的三明治使用的是菜花，除此之外，也可以使用歐防風或菊苣菜等略帶苦味的蔬菜，作為味覺的亮點。

（圖標示）
- 柑橘（紅八朔）
- 菜花
- 瞬間燻製鴨肉
- 酸奶油美乃滋
- 紫甘藍拌雪莉醋沙拉醬

材料
高含水軟式法國麵包……1個
酸奶油美乃滋＊1……10g
紫甘藍拌雪莉醋沙拉醬（參考33頁）……15g
瞬間燻製鴨肉＊2……40g
鹽巴、黑胡椒、橄欖油……適量
菜花……5g
紅八朔（剝除薄皮）……30g
鹽巴（鹽之花）、黑胡椒……少量

＊1 酸奶油美乃滋
以8：2的比例，把酸奶油和美乃滋混在一起。

＊2 瞬間燻製鴨肉
用百里香（6支）、鹽巴（鹽之花30g）、砂糖（15g）、黑胡椒（全粒，適量）、水（400g）製作醃漬夜（A）。用A醃漬鴨胸肉（2片），靜置超過一晚。擦乾水分，排放在調理盤裡面，放進冰箱裡面風乾。在鴨皮上面劃出刀痕，用平底鍋香煎。加入奶油（20g），一邊澆淋，一邊加熱。用鋁箔紙包起來，靜置30分鐘以上。把煙燻木屑鋪在平底鍋裡面，放上鐵網，擺上鴨肉，覆蓋上鋼盆，煙燻2分鐘。

製作方法

1 從側面切開麵包，在下方的切面抹上酸奶油美乃滋。放上紫甘藍和切片的鴨肉。

2 撒上鹽巴、黑胡椒，淋上橄欖油，放上用195℃的烤箱烤的菜花、紅八朔。撒上鹽巴、黑胡椒。

Blanc à la maison
ブラン ア ラ メゾン

羊肉串佐平葉洋香菜與比利時武士醬

使用的麵包
全麥皮塔餅
← 13cm →

以埼玉縣產花摩天為主,再加上北海道產的斯佩耳特小麥和埼玉縣產的石磨全麥麵粉,製作出小麥香氣濃郁的麵團,加上馬斯卡彭起司,增添乳香和酥脆口感。用直捏法下料,製作出薄烤的酥脆蓬鬆口感。

牛肉、豬肉、其他肉類的三明治

平葉洋香菜、莧菜籽
羊肉串
比利時武士醬

中午只要吃上1個,就能夠徹底滿足的三明治,以主廚最愛的羊肉作為靈感來源。羊肉確實香煎是美味的關鍵。甜辣椒和番茄醬混合製成的「比利時武士醬」,又甜又酸又辣,和羊肉的契合度非常良好。

材料
全麥皮塔餅……1/2個
羊肉串(小羔羊)＊1……100g
比利時武士醬＊2……25g
平葉洋香菜……適量
莧菜籽……適量

＊1 羊肉串
把沙拉油倒進平底鍋加熱,放入薄切的羊里肌肉,煎出烤色。用鹽巴、黑胡椒調味。

＊2 比利時武士醬
以相同比例,把甜辣醬、番茄醬、美乃滋混合在一起,再搭配適量的黑胡椒。

製作方法
1. 麵包切成對半,再進一步從剖面切開麵包,塞入羊肉串。
2. 把比利時武士醬淋在羊肉上方。
3. 裝飾上平葉洋香菜、莧菜籽。

內臟肉、
熟食冷肉的
三明治

& TAKANO PAIN

タカノパン

越式法國麵包

使用的麵包

迷你長棍麵包

18cm

在法國產麵粉等3種麵粉裡面，添加烘烤過的玉米粉。把低溫長時間發酵約40小時的長棍麵包分割成80g，烘烤成越式法國麵包專用的麵包。口感輕盈且酥脆，非常容易食用。

內臟肉、熟食冷肉的三明治

芫荽

芥末

豬肝醬

主角是在豬肉和豬肝裡面加入洋蔥和開心果的德式豬肝醬。為了充分運用豬肝醬的溫和味道和奶香口感，索性不採用越式麵包經典的越式醃胡蘿蔔，增加芫荽的清涼感和清脆口感。味覺的重點關鍵是芥末的酸味和辣味。

材料
迷你長棍麵包……1個
芥末……2g
豬肝醬＊1……37g
芫荽……6g

＊1 **豬肝醬**
使用豬肉、豬肝、洋蔥、開心果等粗粒研磨類型的市售品。

製作方法

1 從側面切開麵包，上方切面抹上芥末。

2 鋪上豬肝醬，放上芫荽。

チクテベーカリー
肝醬三明治

主角是添加西梅乾、香草和義大利香醋以抑制腥味,讓不敢吃肝臟的人也能輕鬆食用的自製肝醬。添加杏仁的麵包薄塗上發酵奶油,增添濃郁的奶香。在大量的肝醬裡面撒上黑胡椒,讓辛辣形成亮點。

發酵奶油

芝麻菜

肝醬、黑胡椒

CICOUTE BAKERY

使用的麵包
黑杏仁

以北海道產高筋麵粉為主,再混入北海道產全麥麵粉、石臼研磨麵粉等,共計4種日本產麵粉。小麥鮮味濃郁的麵團裡面搭配麵團對比23%的生杏仁。讓堅果的鮮味與酥脆成為亮點。

13.5cm
32cm

材料

黑杏仁(厚度1.5~1.7cm的切片)……2片
發酵奶油……6g
肝醬*1……25g
黑胡椒……適量
芝麻菜……約5g

*1 肝醬

雞肝……3kg
EXV橄欖油……180g
蒜頭(去除外皮和芯,切成細末)……120g
有機西梅乾(細末)……285g
鹽巴(蓋朗德海鹽)……12g 
黑胡椒……適量
卡宴辣椒……1小匙
辣椒粉……2小匙
義大利香醋……240g
鮮奶油(乳脂肪含量35%)……600ml
普羅旺斯香料……3大匙

1. 雞肝放進冷水裡面浸泡1小時,去除血水。
2. 仔細去除1的血管和血塊,切成較小的細末。
3. 把橄欖油、蒜頭、雞肝、西梅乾放進較大的鍋子裡面,用中火加熱拌炒。
4. 雞肝變色後,加入鹽巴、黑胡椒、卡宴辣椒、辣椒粉,持續翻炒直到雞肝的水分收乾。
5. 加入義大利香醋,持續翻炒至鍋底的水分全部收乾為止。
6. 加入鮮奶油,改用小火,一邊攪拌烹煮。
7. 熬煮至用木鏟刮能看到鍋底,湯汁徹底收乾的程度,關火,加入普羅旺斯香草攪拌。

用發酵奶油增加奶香濃郁

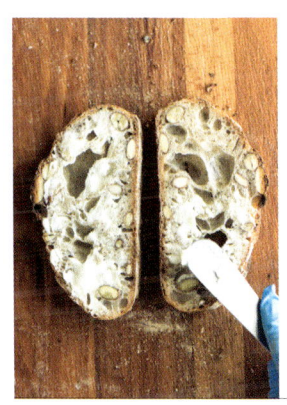

1 麵包切成厚度1.5~1.7cm的切片,取2片使用。切面較大的那一面朝上放置,分別抹上髮蠟狀的奶油,全面塗抹。

肝醬是添加西梅乾的原創風味

2 把用蒜頭、辣椒粉等調味,添加西梅乾的肝醬,塗抹在麵包(下方的那片)上面。

撒上較多的黑胡椒

3 在肝醬上面撒上較多的黑胡椒。放上芝麻菜,在另1片麵包抹上奶油,塗抹奶油的那一面朝下,重疊在上方。

內臟肉、熟食冷肉的三明治

クラフト サンドウィッチ

石榴醬煮雞肝＆松子

在中東、黎巴嫩十分受歡迎的雞肝三明治。在雞肝的調味加上石榴糖漿，製作成帶有果香的照燒風味。把番茄、小黃瓜、櫻桃蘿蔔等中東形象的蔬菜和薄荷組合起來，增添健康感和清爽風味。松子是口感的亮點。

小番茄、小黃瓜、紅洋蔥、櫻桃蘿蔔、薄荷、特雷威索紅菊苣

松子

石榴醬煮雞肝

Craft Sandwich

使用的麵包
迷你長棍麵包

尺寸偏小的長棍麵包，長度為正常尺寸的1/3。為了突顯食材的味道，而選擇中性風味麵包。考慮到易食用性，選擇了麵包皮較薄、麵包芯有嚼勁的長棍麵包，不過，烤過之後，口感會變得酥脆。

18.5cm

材料
迷你長棍麵包……1個
石榴醬煮雞肝*1……70g
小番茄……12g（3顆）
小黃瓜……10g
紅洋蔥……5g
櫻桃蘿蔔……10g
薄荷（生）……5片
特雷威索紅菊苣……5g
松子……1g
EXV橄欖油……10g
鹽巴（蓋朗德海鹽）……少量

*1 **石榴醬煮雞肝**
雞肝……200g
奶油……20g
蒜頭……1瓣
鹽巴（蓋朗德海鹽）……少量
石榴糖漿……30g

1 用水把雞肝清洗乾淨。
2 用沸騰的水烹煮雞肝12分鐘，用濾網撈起，瀝乾水分。
3 把奶油放進平底鍋融解，放入蒜頭翻炒。加入雞肝、鹽巴、石榴糖漿，熬出光澤。熬出的湯汁留下來備用。
4 放進冰箱冷卻。

排放上裹滿石榴糖漿的雞肝

1 從側面切開麵包，盡可能讓上下部分均等。打開切口，在下方排列上石榴醬煮雞肝。

夾上色彩鮮豔的蔬菜

3 排列上切成一口大小的小番茄、薄切的小黃瓜、紅洋蔥、櫻桃蘿蔔、薄荷、撕成一口大小的特雷威索紅菊苣，撒上松子。

把雞肝的湯汁塗抹在上方切面

2 用刮刀把預留備用的雞肝湯汁塗抹在上面，讓雞肝的鮮味倍增。

最後淋上橄欖油、撒上鹽巴

4 在蔬菜上面淋上橄欖油，撒上鹽巴。利用橄欖油的新鮮誘出果香，再用蓋朗德海鹽凸顯蔬菜的鮮味。

內臟肉、熟食冷肉的三明治

サンド グルマン
法式熟肉醬

在法國餐廳學到的正統法式熟肉醬。沒有半點乾柴，入口即化的滑順口感，和酥脆的法國麵包非常速配。用製作肉凍時所產生的豬肉凍來代替醬汁，讓濃稠感受的鮮味成為亮點。

紅萵苣
豬肉凍
發酵奶油
法式熟肉醬

saint de gourmand

使用的麵包
長棍麵包

使用從鄰近麵包坊「ペニーレインソラマチ店」採購的「有機長棍麵包」。因為搭配20％的法國產有機麵粉，所以不僅味道濃厚，麵包芯的空洞也比較少，很適合用來製作三明治，便是選擇這款麵包的理由。

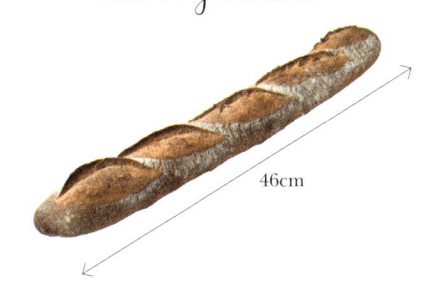

46cm

材料

長棍麵包（厚度16cm的切片）……1個
發酵奶油……10g
法式熟肉醬＊1……80g
豬肉凍＊2……1大匙
紅萵苣……1片

＊1 法式熟肉醬

豬肩胛肉……2kg
豬五花肉……2kg
鹽巴……豬肉重量的1％
白酒……800ml
蒜頭……1瓣
西洋芹……1支
胡蘿蔔……2條
洋蔥……2個
水……適量

1 豬肩胛肉、豬五花肉分別抹上鹽巴。把沙拉油倒進平底鍋，將豬肉的表面煎酥。產生的油脂留下備用。
2 把1的豬肉放進鍋裡，加入白酒加熱，讓酒精揮發。
3 加入蒜頭、西洋芹、胡蘿蔔、洋蔥（分別切成對半），加入1留用的油脂與幾乎淹過食材的水，用小火烹煮3小時半。
4 肉熟透之後，取出，用手撕碎。剩下的湯汁過濾後，熬煮直到份量剩下1/5左右。
5 把4的肉放進接觸冰水的調理盆，逐次慢慢倒入湯汁攪拌。

＊2 豬肉凍

把製作法式熟肉醬所產生的豬肉凍預留下來備用。

用發酵奶油展現正統風味

1 從側面切開麵包，在兩邊的切面抹上發酵奶油。

利用豬肉凍增添濃郁

3 把豬肉凍鋪在法式熟肉醬上面。用濃稠的豬肉凍代替醬汁，讓味道更具張力。

夾上大量的法式熟肉醬

2 夾上大量的法式熟肉醬，從邊緣開始均勻塗抹至另一端。

用萵苣增加鮮豔和口感

4 紅萵苣撕成一口大小。讓簡單的三明治增添一些色彩和口感。

內臟肉、熟食冷肉的三明治

モアザンベーカリー
法式熟肉醬和烤蔬菜

仔細燉煮豬五花肉的自製法式熟肉醬，起鍋後再用瓦斯噴槍烤出焦香，增添香酥風味。把芥末的辣味和酸味、烤蔬菜的清脆感組合起來，法式熟肉醬的鮮美肉味，隨著每一口咀嚼逐漸在嘴裡擴散，愈發鮮明。蔬菜依照各季節的不同，使用時令蔬菜。

野良坊菜、抱子羽衣甘藍

芥末

法式熟肉醬、黑胡椒

MORETHAN BAKERY

使用的麵包
長棍麵包

把5種麵粉混合在一起,並搭配7.5%的全麥麵粉。製作成外層酥脆、內層鬆軟,小麥甜味和香氣擴散的法國長棍麵包。沒有腥味,適合搭配各種餡料。將1條切成1/2後使用。

44cm

材料
長棍麵包……1/2條
芥末……適量
法式熟肉醬*1……30g
黑胡椒……適量
野良坊菜*2……2支
抱子羽衣甘藍*2……1.5支

*1 法式熟肉醬
豬五花肉（塊）……2kg
洋蔥……1個
蒜頭……5瓣
白酒……500ml
月桂葉……1片
百里香……2支
鹽巴……適量
黑胡椒……適量

1. 把橄欖油倒進鍋裡加熱,將豬五花肉（塊）的各面煎出烤色。取出豬五花肉,倒掉多餘的油脂。
2. 加入切片的洋蔥和蒜頭,一邊把沾黏在鍋底微焦的豬五花肉刮起來,一邊用中火拌炒。變軟之後,將豬五花肉倒回鍋裡。
3. 加入白酒、月桂葉、百里香,蓋上鍋蓋,用小火燉煮2小時。關火,蓋上鍋蓋靜置30分鐘,利用餘熱燜爛。
4. 把肉和湯汁分開,用手把一半份量的肉搓散。剩餘的一半份量用攪拌機攪拌成糊狀。將搓散的肉絲和肉泥混在一起。
5. 湯汁放涼後,撈掉凝固的油脂,只把湯汁倒進4裡面混拌。用鹽巴、黑胡椒調味。
6. 把5倒進保存容器。把撈起來備用的油脂倒在上面,把保鮮膜貼附於表面。最長可在冰箱內保存2星期。

*2 野良坊菜、抱子羽衣甘藍
撒上少許鹽巴,倒上橄欖油,用300℃的電磁爐煎1分鐘。

確實塗抹的芥末形成亮點

1 麵包從斜上方切開,在下方的切面塗滿芥末,再均勻鋪上法式熟肉醬。帶有肉絲口感的熟肉醬,讓人吃到最後都不會覺得膩,運用芥末的辣味和酸味增添亮點。

用瓦斯噴槍炙燒,增加法式熟肉醬的香氣

2 用瓦斯噴槍炙燒法式熟肉醬的表面,烤出焦黃烤色後,撒上大量的黑胡椒。肉烤出焦香,就算經過一段時間,肉的香氣仍會隨著咀嚼慢慢擴散,成為令人印象深刻的三明治。

蔬菜切成長段,露出葉子前端

3 野良坊菜切段,讓長度比長棍麵包略長。平均配置抱子羽衣甘藍,讓葉子前端從切口露出。蔬菜依照各個季節,向契約農園採購當季的有機蔬菜。

內臟肉、熟食冷肉的三明治

ブラン ア ラ メゾン
法式鵝肝醬糜和賓櫻桃

用夾雜著香甜酥炸洋蔥和啤酒苦味的麵包，把自製的鵝肝醬糜夾在其中。添加賓櫻桃和蒔蘿的油醋醬，酸甜滋味為整體的味道畫龍點睛。也很適合搭配紅酒，宛如法式料理盤餐般的三明治。

高知縣粗鹽、黑胡椒
賓櫻桃和蒔蘿的油醋醬
法式鵝肝醬糜

Blanc à la maison

使用的麵包
啤酒和酥炸洋蔥的麵包

麵團裡面添加啤酒，所以隱約的苦味便是其特色。因為也有添加橄欖油，所以口感酥脆。添加麵粉對比40%的酥炸洋蔥，揉進麵團裡面，作為香甜風味的重點。

17.5cm

材料
啤酒和酥炸洋蔥的麵包……1個
法式鵝肝醬糜*1……36g
賓櫻桃和蒔蘿的油醋醬*2……53g
高知縣產粗鹽……適量
黑胡椒……適量

*1 法式鵝肝醬糜
鵝肝……800g
A 精白砂糖……適量
　鹽巴……適量
　黑胡椒……適量
干邑白蘭地……鵝肝重量的2%

1 去除鵝肝的血管和筋，和A混在一起。
2 把1放進干邑白蘭地裡面浸漬，製作成真空包，放進冰箱靜置一晚。
3 真空包狀態的2，用60℃隔水加熱10分鐘，核心溫度提高到57℃後，倒進陶罐裡面。
4 放涼後，用保鮮膜覆蓋，放進冰箱冷卻凝固3天。

*2 賓櫻桃和蒔蘿的油醋醬
賓櫻桃……適量
EXV橄欖油A……適量
自製蜂蜜油醋醬*3……適量
EXV橄欖油B……適量
蒔蘿……適量

1 賓櫻桃切成粗粒，裹上橄欖油A。
2 把1放進烤箱裡面烤，鎖住甜味。
3 把2和自製蜂蜜油醋醬、橄欖油B、蒔蘿混在一起。

*3 自製蜂蜜油醋醬
白酒醋……100g
芥末粒……適量
蜂蜜……適量
EXV橄欖油……100g
鹽巴……適量

把所有材料混在一起。

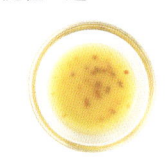

內臟肉、熟食冷肉的三明治

斜切出開口，展現出立體感

1 刀尖插入麵包的長邊，往斜下切出開口，夾入法式鵝肝醬糜。切出傾斜的開口，讓餡料看起來更立體，更顯豐盛。

利用酸甜的櫻桃創造高潮

2 在法式鵝肝醬糜的上面，塗抹上大量的賓櫻桃和蒔蘿的油醋醬。把鮮味、甜味和酸味重疊在一起，讓味道更有層次感。不使用甜味太強烈的砂糖，用蜂蜜緩和酸味，同時製作出濃郁的甜味。

鹽巴、黑胡椒形成亮點

3 全面撒上高知縣產的粗鹽和黑胡椒，調整整體的味道。

ブラン ア ラ メゾン
法國血腸和白桃

法國血腸搭配季節水果的奢華三明治。為搭配法國血腸入口即化的口感，麵包選擇柔軟、酥脆的布里歐麵包。酸甜水嫩的白桃不僅能緩和法國血腸的油脂和鹹味，同時還能增添濃郁。

白桃　　蒔蘿

自製法國血腸

Blanc à la maison

使用的麵包
布里歐麵包

使用對比麵粉45%的奶油，製作成充滿濃厚奶油感的布里歐麵包。採取用手搓揉奶油和麵粉的砂狀搓揉法製作麵團，含水之後，避免搓揉過度，製作出酥脆口感。

←11cm→

材料
布里歐麵包……1個
自製法國血腸*1……76g
白桃……33g
蒔蘿……適量

*1 自製法國血腸
A 義式豬背脂肉（粗粒）
　　……900g
　洋蔥（粗粒）……150g
　豬血……500g
　鮮奶油（乳脂肪含量35%）
　　……100g

1 把A放進平底鍋拌炒，直到洋蔥軟爛。
2 把1和豬血、鮮奶油倒入混拌，倒進陶模裡面。
3 用烤箱加熱，直到中央變熱。

把法國血腸的表面烤至硬脆

1 自製法國血腸不是填塞在腸子裡面，所以不會有腥味，同時口感鬆軟。切出使用的份量，再用烤箱把表面烤至硬脆。

白桃誘出餡料的濃郁

3 把白桃切成厚度1cm的梳形切，排放4個在法國血腸上面，上面擺放蒔蘿。酸甜的白桃淡化豬肉的脂肪和鹹味。柔軟多汁的白桃在嘴裡，連同法國血腸一起慢慢融化。

配合餡料，選擇軟的麵包

2 從側面切開麵包，夾入法國血腸。法國血腸的油脂甜味和鮮味，和布里歐的甜味十分契合。布里歐的柔軟口感和法國血腸的鬆軟口感也非常協調。

內臟肉、熟食冷肉的三明治

Chapeau de paille

シャポードパイユ

布利乳酪和自製火腿

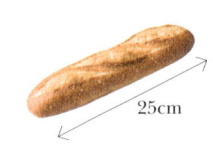

使用的麵包

法國長棍麵包

25cm

在麵團裡面添加芝麻油，製成香氣濃郁且酥脆的法國長棍麵包。利用低溫長時間發酵，製作出柔韌口感。麵包皮薄脆。商品照片是一半尺寸（12.5cm）。

內臟肉、熟食冷肉的三明治

自製火腿
布利乳酪
奶油

法國長棍麵包塗上大量的奶油，再夾上火腿和起司的「法式火腿起司」是，主廚思考「法國」原點的三明治。自製火腿浸泡在只有鹽巴、水和砂糖的鹵水裡面，烹煮時的肉汁清湯不使用香味蔬菜等配料，直接運用肉本身的鮮味。

材料（2個）

法國長棍麵包……1個
奶油……13g
自製火腿*1……40g
布利乳酪……40g

*1 **自製火腿**

1 去除豬肩胛肉（12kg）的油脂，放進鹵水（水7ℓ、岩鹽588g、砂糖116g）裡面浸漬3～4星期。

2 把肉汁清湯（水10ℓ、岩鹽180g、粗粒黑胡椒1撮、月桂葉10片）和1的豬肉放進鍋裡，用小火烹煮至核心溫度達到64℃為止。直接放涼，冷卻。

製作方法

1 從側面切開麵包，在兩邊的切面抹上奶油。

2 放上厚度2mm的自製火腿。

3 再放上厚度與火腿相同程度的布利乳酪。把整體切成1/2。

Chapeau de paille

シャポードパイユ

自製火腿和剛堤起司

使用的麵包

杏仁可頌

14cm

以用來製作三明治為前提，鬆軟酥脆的可頌。使用香氣豐富的發酵奶油，麵粉是風味與窯爐伸展良好的北海道產麵粉與味道濃厚的法國產麵粉，以相同比例混合。

內臟肉、熟食冷肉的三明治

剛堤起司、黑胡椒

自製火腿

自製美乃滋

萵苣

「火腿＆起司」是法國的經典三明治，不過，如果採用的麵包是口感比長棍麵包輕盈的可頌，就會有點份量不足的感覺，因此，利用萵苣加上清脆口感，再用美乃滋增加酸味和濃郁。最後撒上黑胡椒，增加一點辛辣刺激。

材料

杏仁可頌……1個
萵苣……15g
自製美乃滋（參考63頁）
　……7～8g
自製火腿（參考82頁）……20g
剛堤起司……5g
黑胡椒……適量

製作方法

1. 從側面切開麵包，夾入撕成一口大小的萵苣。
2. 擠上自製美乃滋，夾入厚度2mm的自製火腿。
3. 夾入厚度3mm的剛堤起司，撒上黑胡椒。

83

saint de gourmand

サンド グルマン

抹醬三明治

使用的麵包
長棍麵包

46cm

使用從鄰近麵包坊「ペニーレインソラマチ店」採購的「有機長棍麵包」。因為搭配20%的法國產有機麵粉，所以不僅味道濃厚，麵包芯的空洞也比較少，很適合用來製作三明治，便是選擇這款麵包的理由。

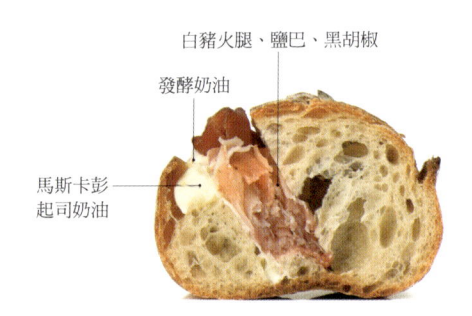

內臟肉、熟食冷肉的三明治

白豬火腿、鹽巴、黑胡椒
發酵奶油
馬斯卡彭起司奶油

火腿和起司是三明治的經典組合。這款三明治的差異重點在於，以相同比例的鮮奶油和重乳脂鮮奶油、馬斯卡彭起司製作而成的馬斯卡彭起司奶油。和市售的馬斯卡彭起司相比，酸味更加醇厚且濃郁，凸顯出西班牙產火腿的濃厚鮮味。

材料
長棍麵包（寬度16cm）……1個
發酵奶油……10g
馬斯卡彭起司奶油*1……30g
白豬火腿……4片（40g）
鹽巴、黑胡椒……各適量

*1 馬斯卡彭起司
以相同比例，把馬斯卡彭起司、鮮奶油（乳脂肪含量35％）和重乳脂鮮奶油混合在一起。

製作方法

1. 從側面切開麵包，在下方的切面抹上發酵奶油。

2. 把馬斯卡彭起司擠在下面。

3. 排放上白豬火腿，撒上鹽巴、黑胡椒。

サンドイッチアンドコー
ARTIGIANO

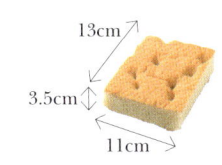

Sandwich & Co.

使用的麵包
佛卡夏

使用大量橄欖油,芳香酥脆的佛卡夏。採購60×33cm的大尺寸,裁切成12等分使用。

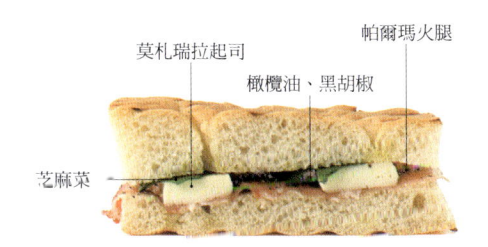

13cm / 3.5cm / 11cm

內臟肉、熟食冷肉的三明治

尺寸為13x11cm的粗獷大小,令人印象深刻的帕尼尼三明治。使用義式正統的簡單素材,健康的美味非常受歡迎。生火腿的鮮味,加上青綠的橄欖油香氣,最後再加上黑胡椒、新鮮的芝麻菜香氣。

莫札瑞拉起司　　帕爾瑪火腿
　　　橄欖油、黑胡椒
芝麻菜

材料
佛卡夏……1個
EXV橄欖油……20g
帕爾瑪火腿……3片(39g)
莫札瑞拉起司……50g
芝麻菜……4片
黑胡椒……適量

製作方法
1. 從側面切開麵包,分成上下2等分。在切面淋上橄欖油(10g)。
2. 把帕爾瑪火腿排放在下方的麵包上面,上面再疊上切片的莫札瑞拉起司。
3. 把芝麻菜撕成一口大小,放在莫札瑞拉起司上面。
4. 撒上黑胡椒,淋上橄欖油(10g),把上方的麵包疊在上面。
5. 用帕尼尼麵包機烤1分鐘。

Craft Sandwich

クラフト サンドウィッチ

火腿、煎櫛瓜 &布瑞達起司&開心果莎莎

使用的麵包
迷你長棍麵包
18.5cm

尺寸偏小的長棍麵包，長度為正常尺寸的1/3。為了突顯食材的味道，而選擇中性風味麵包。考慮到易食用性，選擇了麵包皮較薄、麵包芯有嚼勁的長棍麵包，不過，烤過之後，口感會變得酥脆。

內臟肉、熟食冷肉的三明治

開心果莎莎
特雷威索紅菊苣
自製烤火腿
櫛瓜
布瑞達起司

檸檬的清爽酸味和烤開心果的口感令人印象深刻。用橄欖油香煎的櫛瓜，只用鹽巴簡單調味。乳香味道的布瑞達起司，以四處散落的方式塗抹在長棍麵包上面，再搭配上烤火腿和鮮豔的特雷威索紅菊苣，就連外觀也顯得奢華。

材料
迷你長棍麵包……1個
布瑞達起司……1個（35g）
鹽巴（蓋朗德海鹽）……少量
EXV橄欖油……少量
香煎櫛瓜*1……55g
自製烤火腿*2……40g
開心果莎莎*3……20g
特雷威索紅菊苣……1片

*1 香煎櫛瓜
櫛瓜（1條）切成厚度1cm的切片。把EXV橄欖油倒進平底鍋，放入櫛瓜香煎。關火後，撒上鹽巴（蓋朗德海鹽）。放進冰箱，冷卻。

*2 自製烤火腿
把豬肩胛肉（約500g）、月桂葉（1片）、蓋朗德海鹽（豬肉的1%）、蔗糖（豬肉的0.5%）、EXV橄欖油（15g）真空包裝，充分搓揉後，用舒肥機（63℃）加熱3小時半。放進冰箱，冷卻，切成厚度2mm的切片。

*3 開心果莎莎
把切成細末的平葉洋香菜（10g）、磨成泥的檸檬皮（3g）、檸檬汁（10g）、切成粗粒的烤開心果（30g）、EXV橄欖油（20g）、蓋朗德海鹽（1g）、蜂蜜（3g）混在一起。

製作方法
1 從側面切開麵包。把布瑞達起司切成對半，用菜刀抹開，塗抹在下方的切面。

2 在1的上面撒上鹽巴，淋上橄欖油。

3 重疊上香煎櫛瓜、自製烤火腿，鋪上開心果莎莎。夾入切成一口大小的特雷威索紅菊苣。

Craft Sandwich

クラフト サンドウィッチ

生火腿和烤葡萄 & 瑞可塔起司

使用的麵包
迷你長棍麵包
←18.5cm→

內臟肉、熟食冷肉的三明治

標示說明：
- 芝麻菜
- 生火腿
- 烤葡萄
- 瑞可塔起司
- 烤榛果

由烤葡萄的甜味和生火腿的鹹味組合而成，非常適合搭配紅酒的三明治。搭配奶香濃鬱的瑞可塔起司，製作出更有層次的味道。考量到與味道鮮明的餡料之間的均衡，蔬菜部分選擇微苦且帶有芝麻香氣的芝麻菜。

材料
迷你長棍麵包……1個
瑞可塔起司……40g
EXV橄欖油……10g
鹽巴（蓋朗德海鹽）……少量
烤葡萄*1……70g
烤榛果……10g
生火腿……1片
芝麻菜……3g

＊1 烤葡萄
葡萄（無籽）……300g
蜂蜜……15g
EXV橄欖油……10g
鹽巴（蓋朗德海鹽）……2g

1 把葡萄放進較小的烤盤，用蜂蜜、橄欖油、鹽巴調味。

2 用180℃的烤箱烤20～25分鐘，放進冰箱，冷卻。

製作方法

1 從側面切開麵包，在下方切面抹上瑞可塔起司，淋上橄欖油，撒上鹽巴。

2 放上烤葡萄和烤榛果、生火腿，夾入芝麻菜。

パンカラト ブーランジェリーカフェ

用自製肉醬、調味火腿蔬菜製成的『長棍三明治』

添加製作成調味料（配料）的蔬菜，法國快餐三明治（casse-croûte）的改良款。搭配乾燥生火腿和半乾番茄等脫水的素材，製作出令人印象深刻的味道，同時也能避開劣化的風險。「芥末脆片」等乾燥質感的食材，就用醬汁代替黏著劑，塗抹固定。

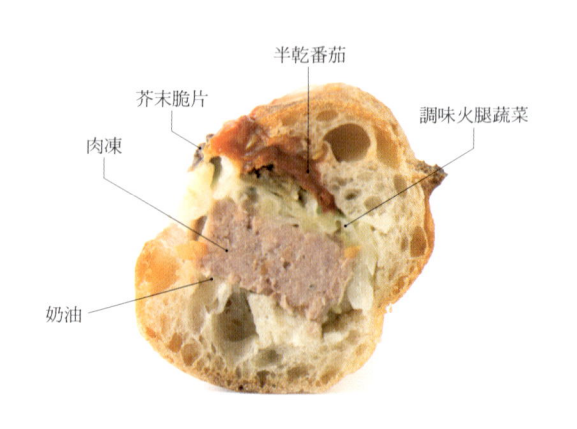

半乾番茄
芥末脆片
調味火腿蔬菜
肉凍
奶油

Pain KARATO Boulangerie Cafe

使用的麵包
長棍麵包

在「麵包大使協會」獲獎的長棍麵包。用手揉製法誘導出麵粉的風味。為了讓人一口同時品嚐到麵包和餡料，麵包採用細長形狀，出爐後的粗細形狀大約是5cm左右。

32cm

材料
長棍麵包……1/2條
奶油……3g
肉凍*1……60g
調味火腿蔬菜*2……30g
芥末脆片*3……4g
半乾番茄*4……18g
（切對半，4個）

＊1 肉凍
A 豬肩胛肉（剁碎）……4kg
　培根（剁碎）……2.3kg
　白肝（剁碎）……1.8kg
　鹽巴……75g
B 法式綜合香料粉……0.5g
　芹鹽……1g
　薑粉……0.5g
C 雞蛋……8個
　干邑白蘭地……180g
　紅寶石波特酒……180g

1 把A放進冷卻的調理盆內混合，加入鹽巴，搓揉至產生黏度。加入B混拌後，再加入C搓揉。
2 把烘焙紙鋪在磅蛋糕模型裡面，把1填進模型裡面，排出空氣。把烘焙紙包起來，蓋上鋁箔紙，用83℃的烤箱隔水加熱2小時。急速冷卻，在冰箱內放置一個晚上。

＊2 調味火腿蔬菜
水菜……15g
高麗菜……30g
馬鈴薯泥（參考17頁）……7g
A 美乃滋……15g
　白酒醋……3g
　鹽巴……少量
　白胡椒……少量
生火腿……4g

1 水菜切成寬度5mm。整顆高麗菜用鋁箔紙包起來，用160℃的烤箱烤過之後，切成5mm。
2 把1和馬鈴薯泥混在一起，加入A，調味。
3 把烘焙紙鋪在烤盤上面，排放上生火腿，放進打烊前已經關火的烤爐裡面，在打開爐門的狀態下放置一個晚上。把乾燥的生火腿切成適當大小，倒進2裡面混拌。

＊3 芥末脆片
把烘焙紙鋪在烤盤上面，把芥末粒薄塗在表面，用100℃的烤箱烤3小時。

＊4 半乾番茄
半乾番茄在帶皮狀態下切成對半，用100℃的烤箱加熱70分鐘。

肉凍從左端延伸至右端

1 從側面切開麵包，在兩邊的切面抹上奶油。排放上厚度8mm的肉凍。

用淋醬汁的感覺鋪滿『配料』

2 在1的上面均勻鋪滿調味火腿蔬菜。像是讓人可以一口品嚐到肉凍和調味火腿蔬菜那樣的感覺。

風味濃縮的素材形成重點

3 把芥末脆片掰成適當大小，排放在2的上面。上方再重疊上風味濃縮的半乾番茄。

內臟肉、熟食冷肉的三明治

タカノパン

米蘭假期三明治

& TAKANO PAIN

使用的麵包
長棍麵包

45cm

採用法國產麵粉等3種麵粉和烘烤過的玉米粉。大約花40小時低溫發酵，製作出蓬鬆、輕盈，讓人百吃不膩的口感。三明治用的長棍麵包採用薄烤，讓口感更加酥脆。每份使用1/3段。

內臟肉、熟食冷肉的三明治

黑胡椒、橄欖油
卡芒貝爾乳酪
芥末粒
半乾番茄、黑橄欖
黑橄欖
低脂火腿
生鮮萵苣
奶油、青醬

脂肪較少的紅肉火腿和黑橄欖、半乾番茄、卡芒貝爾乳酪的組合。把橄欖切成對半後，夾在中間，讓鹹味和濃郁形成重點。進一步裝飾上切片橄欖，讓色彩變得更鮮豔。重疊上半乾番茄和芥末粒的酸味，讓味道更有層次。

材料
長棍麵包……1/3條
奶油……7g
青醬（市售品）……5g
芥末粒……5g
生鮮萵苣……8g
黑橄欖*1……2個
橄欖油A*1……3g
油漬半乾番茄……1個
低脂火腿*2……40g
橄欖油B*2……2g
卡芒貝爾乳酪……6.25g
黑橄欖（切片）……6片
橄欖油C……適量
黑胡椒……適量

*1 黑橄欖、橄欖油A
切成1/2，抹上橄欖油。

*2 低脂火腿、橄欖油B
使用低脂紅肉製成的火腿。切成厚度8mm的切片，抹上橄欖油。

製作方法

1. 切開麵包，下方切面抹上奶油和青醬，上方切面抹上芥末粒。

2. 鋪上生鮮萵苣。交錯排列上黑橄欖和切成1/2的半乾番茄。

3. 排列上低脂火腿，把卡芒貝爾乳酪放在中央。把切片的黑橄欖排放在左右。淋上橄欖油C，撒上黑胡椒。

& TAKANO PAIN

タカノパン

燻牛肉坎帕涅三明治

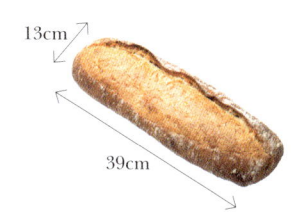

13cm / 39cm

使用的麵包
坎帕涅麵包

搭配12％略粗的黑麥粉，用自製葡萄乾液種，採低溫長時間發酵。分割成800g之後，再烘烤出爐的坎帕涅麵包。抑制酸味，讓麵包更適合搭配肉類料理和起司。裡面濕潤、外面酥脆，非常容易食用。

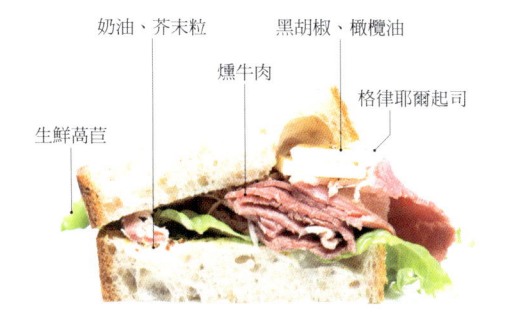

內臟肉、熟食冷肉的三明治

奶油、芥末粒　黑胡椒、橄欖油
燻牛肉　　　　格律耶爾起司
生鮮萵苣

主角是在鹽漬牛五花肉抹上黑胡椒，再進行燻製的燻牛肉。隨附上格律耶爾起司，增添濃郁，同時再加上芥末粒和半乾番茄的酸味。坎帕涅麵包恰到好處的酸味，把濕潤口感的餡料包覆起來，使整體的美味更加融合。

材料

坎帕涅麵包（厚度1.3cm的切片）⋯⋯2片
奶油⋯⋯8g
芥末粒⋯⋯5g
生鮮萵苣⋯⋯7g
燻牛肉*1⋯⋯40g
格律耶爾起司（厚度3mm的切片）⋯⋯2片（約8g）
油漬半乾番茄⋯⋯1個
橄欖油⋯⋯適量
黑胡椒⋯⋯適量

*1 **燻牛肉**
使用燉煮牛五花肉，抹上香辛料的市售品。

製作方法

1. 1片麵包抹上奶油，上面再進一步抹上芥末粒。

2. 鋪上生鮮萵苣，折疊鋪上燻牛肉。

3. 把2片厚度3mm的細長片狀格律耶爾起司，交錯放在中央。

4. 把切成1/2的半乾番茄放在起司的兩側，淋上橄欖油，撒上黑胡椒。

パンストック
西班牙三明治

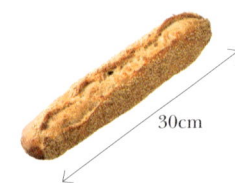

pain stock

使用的麵包

BIO小麥的長棍麵包

30cm

搭配有機的全麥麵粉。把穀糧鮮味隨著咀嚼的同時逐漸擴散的坎帕涅麵團，製作成細長的長棍麵包，撒上白芝麻後，烘烤出爐。芝麻的油脂會滲進麵團裡面，增加酥脆度。

內臟肉、熟食冷肉的三明治

標示：自製美乃滋、辣椒粉、醋漬墨西哥辣椒、米蘭薩拉米臘腸、格律耶爾起司

用前往西班牙旅行時所接觸到的長棍麵包類型的麵包所製作而成的三明治「西班牙三明治（Bocadillo）」。裹上香酥芝麻的長棍麵包，搭配法國產法式臘腸（米蘭薩拉米臘腸）、格律耶爾起司。三者的平衡是主要關鍵。墨西哥辣椒的刺鼻和鮮明辛辣成為味覺亮點。

材料

BIO小麥的長棍麵包……1/2條

自製美乃滋（參考14頁）……2大匙

格律耶爾起司（切片）……3片

米蘭薩拉米臘腸……3片

醋漬墨西哥辣椒（市售品，切片）……4片

辣椒粉……適量

製作方法

1. 從側面切開麵包。
2. 掀開切口，把自製美乃滋抹在下方切面。
3. 依序層疊上格律耶爾起司、米蘭薩拉米臘腸、醋漬墨西哥辣椒，撒上辣椒粉。

pain stock

パンストック
厚切培根

使用的麵包
北之香

←10cm→

用對比麵粉110％以上的水製作而成的洛斯提克麵包，能夠感受到北海道產麵粉北之香的特有甜味，是非常受歡迎的麵包。酥脆輕薄的麵包皮、濕潤入口即化的麵包芯，就算製作成三明治，同樣也非常容易食用。

香煎厚切培根
酸奶油洋蔥
烤厚切洋蔥
芝麻菜

十分豪邁地把香煎的厚切培根，和用平底鍋仔細香煎兩面的厚切洋蔥夾起來。不僅嚼勁十足，外觀也十分震撼，非常受歡迎的一道。加入大量添加蒜頭的酸奶油洋蔥，藉此進一步增加更多份量。

內臟肉、熟食冷肉的三明治

材料
北之香……1個
芝麻菜……1片
香煎厚切培根*1……1片
烤厚切洋蔥*2……1片
酸奶油洋蔥*3
　……1大於1大匙

*1 香煎厚切培根
把橄欖油倒進平底鍋，開中火加熱，放進厚度8mm的厚切培根香煎。撒上黑胡椒，兩面煎出烤色後，把鍋子從火爐上移開。

*2 烤厚切洋蔥
去除洋蔥的蒂頭和外皮，把小刀插進切斷纖維的方向，切成厚度1cm的厚片。把橄欖油倒進平底鍋，開小火加熱，煎煮洋蔥。用黑胡椒調味。

*3 酸奶油洋蔥
1 把橄欖油倒進平底鍋，開中火加熱，放入切成細末的洋蔥（3個）拌炒。加入磨成泥的蒜頭（3瓣）混拌，加入洋蔥，持續炒至軟爛。撒上黑胡椒。

2 把檸檬汁（1/2個）、洋蔥粉（8g）、昆布茶（8g）倒進酸奶油洋蔥（500g）裡面，攪拌均勻。

3 把1倒進2裡面充分混拌。用鹽巴、黑胡椒調味。

製作方法
1 從側面切開麵包，分成下1/3，上2/3的厚度。放上芝麻菜，再依序重疊上香煎厚切培根、烤厚切洋蔥。

2 放上酸奶油洋蔥。

ザ・ルーツ・ネイバーフッド・ベーカリー

自製培根和菠菜的義大利煎蛋佐普羅旺斯橄欖醬

添加菠菜的義式烤箱歐姆蛋，加上厚切培根的三明治。由橄欖、鯷魚、蒜頭和醃菜製成，發源自南法的普羅旺斯橄欖醬是主要重點。再加上半乾小番茄，增加鮮豔色彩。宛如午餐盤餐般的一道。

普羅旺斯橄欖醬
菠菜義式煎蛋
小番茄
自製培根
紅萵苣

THE ROOTS neighborhood bakery

使用的麵包
拖鞋麵包

專門烤來製作三明治的拖鞋麵包是手捏的半硬質類型。紮實的嚼勁和酥脆的口感，非常適合製成三明治。添加了10％的橄欖油，就算冰過仍不會變硬，非常適合製成冷藏三明治。

← 11cm →

材料
拖鞋麵包……1個
紅萵苣……2片
菠菜義式煎蛋＊1……1塊
自製培根＊2……1片
普羅旺斯橄欖醬＊3……10g
半乾番茄（參考39頁）
　　……1/2個×2

＊1 菠菜義式煎蛋
橄欖油……適量
蒜頭（細末）……2瓣
菠菜……2把
雞蛋……8個
鮮奶油……200ml
牛乳……200ml
鹽巴……8g
白胡椒……適量
馬鈴薯（削皮，切成骰子狀）
　　……200g
烤洋蔥（參考22頁）……150g
蒙特里傑克碎起司……150g

1 把橄欖油倒進平底鍋，開中火加熱，加入蒜頭炒香，加入切段的菠菜拌炒。
2 把雞蛋、鮮奶油、牛乳、鹽巴、白胡椒充分混拌，製作成料糊。
3 把馬鈴薯蒸熟。
4 把1、3、烤洋蔥、蒙特里傑克碎起司放進2的料糊裡面充分攪拌，倒進內徑33×26cm的調理盤裡面。
5 用180℃的烤箱烤約40分鐘，放涼，切成10×3cm的塊狀。

＊2 自製培根
豬五花肉（塊）……1kg
鹽巴……豬肉的3％
精白砂糖……豬肉的1.5％
白胡椒……適量

1 豬五花肉撒上鹽巴、精白砂糖、白胡椒，充分搓揉，用保鮮膜包起來，在冰箱內靜置2晚。用水清洗，製作成真空包，用80℃隔水加熱40分鐘。
2 把櫻樹木屑和1撮精白砂糖放進中華鍋的底部，放上烤網。
3 用水把1的豬五花肉清洗乾淨，擦乾水分，放在2的烤網上面。蓋上鍋蓋，用中火加熱，約煙燻20分鐘，使表面染上燻香。切成厚度2mm左右的薄片。

＊3 普羅旺斯橄欖醬
黑橄欖……500g
鯷魚……50g
蒜頭……3瓣
醃漬小黃瓜（市售品）……50g
白酒醋……20g
橄欖油……適量

1 把黑橄欖、鯷魚、蒜頭、醃漬小黃瓜、白酒醋放進食物調理機，攪拌成糊狀。
2 一邊加入橄欖油，一邊攪拌，調整濃度。

製作方法
1 從側面切開麵包，夾入紅萵苣。
2 重疊上菠菜義式煎蛋、自製培根。鋪上普羅旺斯橄欖醬。在普羅旺斯橄欖醬的中央放上半乾番茄。

內臟肉、熟食冷肉的三明治

33 （サンジュウサン）

自製栗飼豬培根 & 青蘋果 & 萊姆

使用的麵包
格雷伯爵紅茶風味的坎帕涅麵包

8cm × 11cm

北之香和九州產石臼研磨麵粉，搭配20％製成湯種的黑麥粉，同時再添加自製葡萄乾液種和酒種，進行長時間發酵。揉入格雷伯爵紅茶茶葉和芒果、核桃，香氣豐富的坎帕涅麵包。

內臟肉、熟食冷肉的三明治

芝麻菜
自製培根、萊姆汁
萊姆
青蘋果
芥末粒

帶皮薄切的青蘋果，清爽的香氣和清脆的口感，凸顯出用山核桃木屑燻製的自製培根的鮮味。用奶油煎烤培根，讓培根裹上奶油焦香氣味，更添存在感。最後擠上萊姆汁，留下清爽的餘韻。

材料
格雷伯爵紅茶風味的坎帕涅麵包……1個
芥末粒……5g
紅萵苣……1片
自製培根*1……2片（100～110g）
萊姆汁……適量
青蘋果（信濃金蘋果）*2……3片
萊姆*2……1片
芝麻菜……1片

*1 自製培根
使用栗子飼養的西班牙產栗飼豬肩胛肉（3kg）。把豬肉分成2等分，在整體抹上鹽巴（豬肉的1.5％）和精白砂糖（豬肉的0.5％）。用脫水膜包起來，放進4℃以下的冰箱，在定期更換脫水膜的狀態下，靜置7～10天，脫乾水分，用山核桃木屑燻製8小時。切成厚度5～6mm的薄片，用放了奶油的平底鍋煎烤。

*2 青蘋果、萊姆
青蘋果去除果核，帶皮切成厚度2～3mm的半月切。萊姆切成厚度2mm的薄片。

製作方法
1. 切開麵包，抹上芥末粒。鋪上紅萵苣。
2. 重疊上2片培根，淋上萊姆汁。
3. 分別把青蘋果夾在麵包和培根之間、培根和培根之間。放上萊姆、芝麻菜。

海鮮
三明治

ブラン ア ラ メゾン

富山產鰤魚的麥香魚佐酪梨、小黃瓜和蟹肉的塔塔醬

酪梨、小黃瓜和
蟹肉的塔塔醬

苜蓿芽

炸鰤魚

芥末粒

紫甘藍
拌自製蜂蜜油醋醬

把炸得酥脆的炸鰤魚製作成三明治。添加了米麴的洛斯提克麵包，甜酒般的微甜隨著咀嚼慢慢擴散，和鰤魚等日本料理常吃的炸魚十分契合。添加優格的塔塔醬在消除油膩感的同時，還能帶來融合整體的清爽口感。苜蓿芽的微苦是味覺的亮點。

Blanc à la maison

使用的麵包

米麴洛斯提克麵包

100％使用適合搭配米麴，味道濃厚且帶有香甜氣味的北海道產春豐麵粉。用熱水把米麴泡軟後，混進麵團裡面，引誘出甜酒般的甜味。特色就是彈牙有嚼勁的口感。

← 14.5cm →

材料

米麴洛斯提克麵包……1個
芥末粒……1.5g
紫甘藍拌自製蜂蜜油醋醬*1……32g
炸鰤魚……107g
酪梨、小黃瓜和蟹肉的塔塔醬*2……27g
苜蓿芽……適量

*1 **紫甘藍拌自製蜂蜜油醋醬**
用自製蜂蜜油醋醬（參考79頁）涼拌切絲的紫甘藍。

*2 **酪梨、小黃瓜和蟹肉的塔塔醬**
酪梨……1個
小黃瓜……1/2條
A 優格（瀝乾水分）……300g
　蟹肉……20g
　蒔蘿……適量
　EXV橄欖油……適量
　鹽巴……適量
　黑胡椒……適量

1 把酪梨和小黃瓜切成1cm的丁塊狀。
2 把A混在一起，用打蛋器攪拌均勻。
3 把1倒進2裡面，稍微混拌，用鹽巴和黑胡椒調味。

把芥末粒擠在麵包的切面

1 把刀子插進麵包的長邊，朝斜下方切出切口，將芥末粒擠在下方切面。擠成一條線，讓芥末粒因餡料的重量而均勻擴散開來。

放上炸鰤魚和塔塔醬

3 把炸得酥脆，厚度3cm的炸鰤魚放在涼拌紫甘藍上面，再塗抹上酪梨、小黃瓜和蟹肉的塔塔醬。塔塔醬味道清爽的同時，酪梨的奶香感和螃蟹的風味也能增添飽足感。

夾入涼拌紫甘藍

2 夾入紫甘藍拌自製蜂蜜油醋醬。醇厚的甜味緩和了芥末粒的刺激酸味。

用苜蓿芽增加色彩和風味

4 夾入苜蓿芽，讓外觀更加鮮豔。隱約的苦味形成味覺的重點。

海鮮三明治

ベーカリー チックタック

金山寺味噌與塔塔魚三明治

把和歌山傳統的醃漬食品金山寺味噌當成醬料，當地色彩豐富的一道。由魚×味噌×奶油起司完美組合而成。把金山寺味噌醬塗抹在下方切面，這樣就能在咬下的瞬間感受到醬料的美味。炸物和羽衣甘藍的苦味，與穀物麵包的香酥十分速配。

塔塔醬
羽衣甘藍
金山寺味噌醬
炸鱈魚

Bakery Tick Tack

使用的麵包
雜糧麵包

在「高含水軟式法國麵包」（參考33頁）的麵團，撒上混合了燕麥、葵花籽、芝麻和亞麻籽的綜合種籽後，烘烤。芳香和顆粒口感是其特色所在。主要用來製作炸魚三明治或肉排漢堡等，夾著炸物的三明治。

←10cm→

材料
雜糧麵包……1個
金山寺味噌醬*1……15g
羽衣甘藍……2g
炸鱈魚（市售品）……1個（45g）
塔塔醬*2……20g

＊1 金山寺味噌醬
奶油起司……100g
美乃滋……50g
金山寺味噌……250g

奶油起司呈現髮蠟狀之後，加入美乃滋混拌。加入金山寺味噌混拌。

＊2 塔塔醬
醃菜（甜黃瓜）……250g
洋蔥……100g
美乃滋……200g

醃菜把水瀝乾，用食物調理機攪拌成細末後，再次把水瀝乾。和切成細末的洋蔥混合，加入美乃滋混拌。

利用奶油起司和味噌增加複雜味

1 從側面切開麵包，把金山寺味噌醬塗抹在下方的切面。吃的時候，舌頭會率先感受到金山寺味噌的美味。

用蒸氣烤箱烤市售的炸魚

3 把炸鱈魚放在烤盤上面，用蒸氣烤箱的油炸模式酥炸。冷卻之後，放到2的上面。

羽衣甘藍的苦味形成亮點

2 把羽衣甘藍鋪在1的上面。隱約的苦味形成亮點。羽衣甘藍的保形性比萵苣更好，適合外帶。

塔塔醬製作出清爽味道

4 把塔塔醬鋪在炸魚上面。炸物搭配沒有雞蛋的簡單塔塔醬，製作出清爽美味。

海鮮三明治

ベイクハウス イエローナイフ

辣魚三明治

夾上用鹽麴和香辛料、香草預先調味的炸白肉魚，份量十足的三明治。利用添加越式醃胡蘿蔔的塔塔醬增添清脆口感。塗抹在麵包上面的莎莎綠醬的酸味，和鄉村麵包隱約的酸味相互加乘，緩和炸魚的油膩感。

炸白肉魚
烤櫛瓜
添加越式醃胡蘿蔔的塔塔醬
莎莎綠醬
萵苣

Bakehouse Yellowknife

使用的麵包

鄉村麵包

埼玉縣產小麥的高筋麵粉・花摩天採用80％，埼玉縣・片山農場的全麥麵粉採用20％。特徵是耐嚼的彈牙口感和隱約的酸味。使用厚度2cm的切片。

18cm / 30cm

材料

鄉村麵包（厚度2cm的切片）……2片
萵苣……10g
烤櫛瓜＊1……52g
莎莎綠醬＊2……18.5g
炸白肉魚＊3……66g
添加越式醃胡蘿蔔的塔塔醬＊4……60g

＊1 烤櫛瓜

櫛瓜切成長度14cm、厚度3mm，撒上些許鹽巴，用倒了橄欖油的平底鍋煎出烤色。

＊2 莎莎綠醬

平葉洋香菜（生）……30g
羅勒（生）……10g
刺山柑……10g
蒜頭……1瓣
鯷魚……20g
烤松子……50g
鹽巴（蓋朗德海鹽）……少量
EXV橄欖油……200g
檸檬汁……1個

把所有材料放進食物調理機，低速攪拌1～2分鐘，直到呈現口感殘留程度的糊狀。

＊3 炸白肉魚

把白肉魚（鱈魚，4片）放在調理盤上面，塗滿鹽麴（1大匙），撒上薑黃粉、芫荽粉、孜然粉（各1大匙）。上面再鋪上檸檬皮（1/2個）、香草莖（適量），用保鮮膜密封，在冰箱內放置一晚。拿掉檸檬皮和香草莖，包裹上低筋麵粉、雞蛋、麵包粉，用200℃的橄欖油酥炸5～8分鐘。

＊4 添加越式醃胡蘿蔔的塔塔醬

製作越式醃胡蘿蔔。把米醋（100g）、水（100g）、砂糖（50g）、鹽巴（少量）、香草（蒔蘿或牛至，適量）放進鍋裡，加熱煮沸（A）。把切絲的胡蘿蔔（1條）和白蘿蔔（1/4條）放進A裡面浸漬，直接放涼。用水煮蛋（1個）、美乃滋（50g）、橄欖油（20g）、鹽巴（少量）製作塔塔醬，把越式醃胡蘿蔔（50g）放進裡面混拌。

醬料隱約的酸味凸顯餡料美味

1 放上2片厚度2cm的麵包，在其中1片抹上莎莎綠醬。帶有隱約酸味的鄉村麵包，和帶有酸味的醬料十分契合。

利用櫛瓜的水分增添柔韌感

2 依序放上撕成一口大小的萵苣、烤櫛瓜。隨著時間經過，櫛瓜的水分會滲進麵包，增加柔韌感。

越式醃胡蘿蔔增添清脆口感

3 炸白肉魚預先用鹽麴、香辛料和香草調味。加上水煮蛋的塔塔醬裡面，混雜了用米醋和砂糖調味的酸甜胡蘿蔔和白蘿蔔，藉此增添口感亮點。

海鮮三明治

シャポードパイユ

Chapeau de paille
風格的
鯖魚三明治

洋蔥（紅、白）

薄鹽鯖魚

萵苣

奶油

為避免鯖魚的脂肪太過油膩，淋上大量的檸檬汁，撒上大量的黑胡椒，藉此製作出清爽的味道。不要放太多薄切的洋蔥，以避免蓋過鯖魚的味道，這個部分也是關鍵。使用紅色和白色的洋蔥，也算是兼顧到視覺上的美味。

Chapeau de paille

使用的麵包
法國長棍麵包

在麵團裡面添加芝麻油，藉此增加香酥氣味，製作成更加酥脆的長棍麵包。低溫長時間發酵，讓麵包芯充滿柔韌口感。用210℃烤21分鐘，烤出薄脆的麵包皮。

25cm

材料
長棍麵包⋯⋯1個
薄鹽鯖魚*1⋯⋯83g
檸檬汁⋯⋯10g
黑胡椒⋯⋯適量
奶油⋯⋯12g
萵苣⋯⋯30g
洋蔥（紅、白）⋯⋯28g

*1 **薄鹽鯖魚**
薄鹽鯖魚（冷凍）⋯⋯適量
月桂葉⋯⋯適量
百里香⋯⋯適量

1 冷凍的薄鹽鯖魚解凍後，用燻製機煙燻30分鐘。
2 把明顯的魚骨剔除之後，連同月桂葉、百里香一起放進耐熱塑膠袋裡面，製作成真空包。
3 用82.5℃的熱水低溫烹調2小時後，放涼。放進冰箱，冷卻後使用。

檸檬汁讓薄鹽鯖魚變爽口

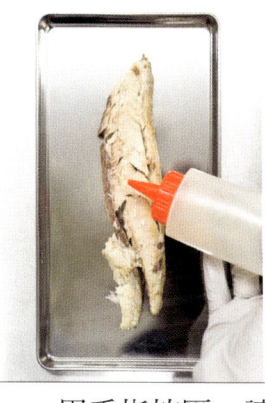

1 夾進麵包前，薄鹽鯖魚先淋上大量檸檬汁，撒上大量的黑胡椒。這個作業不要在調理盤上施作，而是要把鯖魚放在平坦的場所，用手指輕輕壓散魚肉。這樣檸檬汁就不會流掉，就能更容易滲進魚肉。

用手指按壓，讓魚肉擴散至邊緣

2 從側面切開麵包，讓上下兩個部份的麵包幾乎均等。打開切口，抹上呈現髮蠟狀的奶油，放上撕成一口大小的萵苣。把1鋪在萵苣上面，用手指按壓，讓魚肉擴散至邊緣。

適量的薄切洋蔥

3 把薄切的洋蔥鋪在薄鹽鯖魚的上面。為了讓色彩更加鮮豔，紅洋蔥和白洋蔥各使用一半份量。洋蔥的份量止於不會掩蓋掉鯖魚風味的程度。

海鮮三明治

Blanc à la maison

ブラン ア ラ メゾン

照燒鯖魚佐古岡左拉起司醬

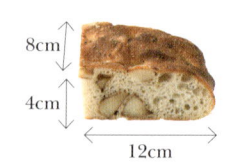

使用的麵包
男爵佛卡夏

8cm × 4cm × 12cm

加入切成滾刀切，撒上麵粉後油炸的男爵薯，製作出香酥、鬆軟的口感。麵團是北之香綜合高筋麵粉，加上20％的北之香全麥麵粉。加上水、葡萄乾酵母、湯種，讓口感更彈牙耐嚼。

海鮮三明治

（照片標示：照燒鯖魚、古岡左拉起司、芽菜）

在法國料理中，充滿光澤的魚肉、起司和馬鈴薯是鐵板料理的搭配組合。於是，搭配「日式醬汁」照燒風味的鯖魚同樣也採用法式風格。把炸過的馬鈴薯混進麵包裡面，為口感增添亮點的同時，再加上混入奶油起司和酸奶油的古岡左拉起司醬，讓整體的味道更加順口。

材料
男爵佛卡夏……1個
照燒鯖魚＊1……100g
古岡左拉起司醬＊2……25g
芽菜……適量

＊1 照燒鯖魚
鯖魚片撒上鹽巴，靜置10分鐘，擦掉水分。把沙拉油倒進平底鍋加熱，鯖魚皮朝下煎出烤色。倒入適量的醬汁（把醬油8大匙、酒8大匙、味醂6大匙、砂糖8大匙混拌），讓魚片裹滿照燒醬。平底鍋內殘留的醬汁留著備用。

＊2 古岡左拉起司醬
以相同比例，把古岡左拉起司、奶油起司、酸奶油混在一起，加入適量的鹽巴、倒入之前留下備用的鯖魚照燒醬混拌。

製作方法
1. 從側面切開麵包，放上照燒鯖魚。
2. 淋上古岡左拉起司醬，放上芽菜。

Pain KARATO Boulangerie Cafe

パンカラト ブーランジェリーカフェ

柳橙鯖魚三明治

4cm
13cm
12cm

使用的麵包
番茄迷迭香佛卡夏

把原味的佛卡夏麵團攤在烤盤上，用手指戳洞，鑲上半乾番茄，再進一步烘烤出爐的麵包。番茄用添加了新鮮迷迭香和乾牛至、蒜片的EXV橄欖油浸漬1～3天。

海鮮三明治

松子　迷迭香
普羅旺斯雜燴　　鯖魚醬
　　　　　　　　芥末奶油

專為搭配咖啡所設計的三明治。在使用鯖魚罐頭烹煮的鯖魚醬裡面混入熬煮的柑橘，加入馬來西亞產的黑胡椒，烹製出豐盛香氣。「三明治也跟料理一樣，第一口的印象是最重要的」，因而堅持採用能夠同時咬下麵包和餡料的三角形形狀。

材料
番茄迷迭香佛卡夏
　　（切成三角形）……1個
芥末奶油（市售品）……6g
鯖魚醬*1……45g
普羅旺斯雜燴*2……70g
松子（烤）……2g
迷迭香……1支

＊1 鯖魚醬
把柳橙汁（70g）和檸檬汁（10g）熬煮收汁（A）。把白酒和白酒醋放進鍋裡加熱，沸騰後，倒入去除魚骨的鯖魚（鯖魚罐頭10個）。水分收乾後，加入鹽巴（10g）、孜然（20g）、芫荽（10g）、黑胡椒（5g）、橄欖油（75g）調味，最後把A倒入。

＊2 普羅旺斯雜燴
把茄子（3條）、馬鈴薯（3個）、紅、黃椒（各2個）、櫛瓜（3條）、洋蔥（4個）切成2cm的丁塊。把橄欖油倒進深鍋，熱鍋後，倒入洋蔥拌炒。洋蔥熟透後，倒入其他蔬菜，用大火加熱。加入番茄薄醬汁（番茄過篩後的醬汁，3kg）混拌，加入鹽巴（15g）、白胡椒（10g）。改用中火。煮沸後，改用小火，熬煮收汁。

製作方法
1 從側面切開麵包，在下方的切面抹上芥末奶油。

2 抹上鯖魚醬，鋪上普羅旺斯雜燴，撒上松子。在麵包上面裝飾迷迭香。

33（サンジュウサン）

香煎昆布醃鯖魚

用烤箱烘烤昆布醃漬的鯖魚，然後再進一步香煎。用口感柔韌的洛代夫麵包，把醃漬紫甘藍、醃漬舞茸、由希臘優格和鮮奶油混拌而成的馬鈴薯泥、芽菜夾在其中。最後再撒上開心果碎粒，增添酥脆口感。

青花菜苗、開心果碎粒
馬鈴薯泥
香煎昆布漬鯖魚
醃漬舞茸
醃漬紫甘藍

San ju san

使用的麵包
核桃洛代夫麵包

北之香和九州產石臼研磨麵粉，搭配自製葡萄乾液種、啤酒花種、魯邦種。把對比麵粉30％的核桃揉進含水率115％的洛代夫麵團裡面，製作出口感濕潤、輕盈的三明治用麵包。

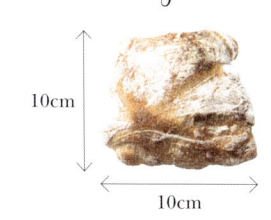

10cm × 10cm

材料
- 核桃洛代夫麵包……1個
- 醃漬紫甘藍*1……5～10g
- 香煎昆布漬鯖魚*2……1塊
- 醃漬舞茸*3……15～20g
- 馬鈴薯泥*4……45g
- 青花菜苗……適量
- 開心果碎粒……適量

*1 醃漬紫甘藍
紫甘藍（200g）切絲，用鹽巴（3g）搓揉。在醃漬液（把醋45g、EXV橄欖油45g、精白砂糖15g、鹽巴、黑胡椒各適量混在一起）裡面浸漬一晚。

*2 香煎昆布漬鯖魚
- 昆布漬鯖魚（市售品）……15塊
- 奶油……250g
- 橄欖油……50g

1. 把昆布漬鯖魚（1塊約8×5cm）排放在烤盤上面，用上火240℃、下火250℃的烤箱烤15分鐘。
2. 用平底鍋加熱奶油和橄欖油，把1放入香煎。

*3 醃漬舞茸
- 舞茸……500g
- 鹽巴……適量
- 黑橄欖……60g
- 培根……100g
- EXV橄欖油……適量
- 雪莉醋……30g
- 醬油……30g
- 味醂……30g
- 雞湯粉（顆粒）……7.5g
- 黑胡椒……適量

1. 舞茸切段，撒上些許鹽巴。黑橄欖和培根切成細末。
2. 把橄欖油和培根放進平底鍋，用中火加熱。培根呈現焦脆後，加入舞茸。舞茸染上烤色後，加入黑橄欖拌炒。
3. 加入雪莉醋、醬油、味醂、雞湯粉混拌。撒上黑胡椒。

*4 馬鈴薯泥
- 馬鈴薯……300g
- 法式清湯（顆粒）……適量
- 希臘優格……130g
- 鹽巴……10g
- 黑胡椒……適量
- 鮮奶油……150g
- 萊姆汁……少量
- 蒔蘿……適量

1. 馬鈴薯削掉外皮，切成塊狀。用添加了法式清湯的熱水，把馬鈴薯烹煮至軟爛。用手持攪拌器攪拌成糊狀。
2. 希臘優格加入鹽巴、黑胡椒混拌。加入鮮奶油，攪拌均勻。
3. 把萊姆汁和切成細末的蒔蘿放進2裡面混拌均勻。
4. 把1和3混拌均勻。

製作方法

1. 把麵包切開，依序疊放上醃漬紫甘藍、香煎昆布漬鯖魚。
2. 放上醃漬舞茸，再重疊上馬鈴薯泥。
3. 放上青花菜苗，撒上開心果碎粒。

海鮮三明治

シャポードパイユ

鮮蝦、酪梨佐雞蛋粉紅醬

水煮蝦

自製
美乃滋

酪梨

雞蛋
粉紅醬

奶油

靈感原點是「使用酪梨的三明治」，不過，主角卻是含有大量雞蛋的粉紅醬。鬆軟的雞蛋鮮味和番茄醬的甜味，與Q彈的蝦肉和濃醇的酪梨風味十分契合。選用外觀勻稱、食用方便的白蝦。

Chapeau de paille

使用的麵包

法國長棍麵包

在麵團裡面添加芝麻油，藉此增加香酥氣味，製作成更加酥脆的長棍麵包。低溫長時間發酵，讓麵包芯充滿柔韌口感。用210℃烤21分鐘，烤出薄脆的麵包皮。

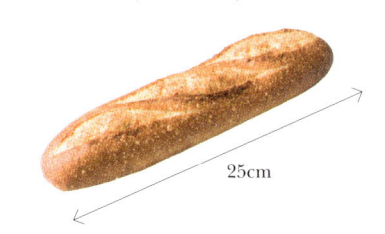

25cm

材料

法國長棍麵包……1條
奶油……13g
酪梨……少於1/4個
檸檬汁……適量
自製美乃滋（參考63頁）
　　……10g
水煮蝦*1……6尾
雞蛋粉紅醬*2……63g

＊1 水煮蝦

冷凍的剝殼蝦，用鹽水快煮，浸泡冰水後，把水瀝乾。

＊2 雞蛋粉紅醬

用切片器切片的水煮蛋（15個）和美乃滋（300g）、番茄醬（150g）混拌在一起。

奶油確實抹好、抹滿

1 從側面切開麵包，讓上下部分均等。打開切口，在上下切面抹上髮蠟狀的奶油。

用美乃滋黏接酪梨和鮮蝦

3 在中央擠上1條直線狀的自製美乃滋，把水煮蝦排列在酪梨上。

酪梨切成適當厚度

2 把酪梨切成3mm的薄片，用刷子刷上檸檬汁，排放在麵包上面。

保留雞蛋存在感的醬汁是關鍵

4 把雞蛋粉紅醬鋪在切口的深處。充滿鬆軟雞蛋鮮味的柔滑醬料和鮮蝦的彈牙口感、濃醇的酪梨風味，形成絕妙契合。

海鮮三明治

タカノパン

鮮蝦芫荽三明治

把奶油起司塗抹在添加了雜糧的吐司上面，再把散葉萵苣、番茄、胡蘿蔔和蒸蝦夾在其間。淋上甜辣醬，放上大量的芫荽，製作成異國風味。胡蘿蔔用刨刀削成薄片，稍微鹽漬。為了享受芫荽的清脆口感，把莖和葉分開配置。

鹽漬薄削胡蘿蔔　蒸蝦、甜辣醬　芫荽
番茄
生鮮萵苣、貝比生菜　奶油起司、甜辣醬

& TAKANO PAIN

使用的麵包
銅麥焙煎吐司

以口感鮮明的高筋麵粉為基礎，再搭配20％由大麥麥芽、大豆、燕麥、葵花籽等焙煎而成的雜糧粉。雜糧醇厚的味道和顆粒口感，帶給三明治更多層次風味。

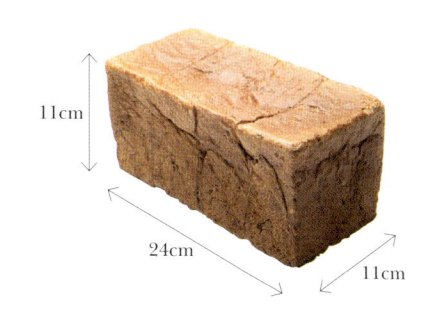

11cm / 24cm / 11cm

材料

銅麥焙煎吐司
（厚度1.4cm的切片）……2片
奶油起司……30g
甜辣醬A……10g
綠葉生菜、貝比生菜
　　……共計8g
番茄（參考23頁）……2片
美乃滋……8g
鹽漬薄削胡蘿蔔*1……6片
蒸蝦（冷凍）*2……4尾
甜辣醬B……5g
芫荽……7g

＊1 鹽漬薄削胡蘿蔔
水果胡蘿蔔（橙色、紫色）
　　……2條（約200g）
鹽巴（胡蘿蔔重量的1％）……2g
1 把水果胡蘿蔔的外皮削掉，切成3等分。用刨刀削成厚度1mm、寬度2cm、長度6cm左右的薄片，放進水裡浸泡。
2 瀝乾水分，撒上鹽巴搓揉，放進濾網，瀝水2小時左右。

＊2 蒸蝦
冷凍蒸蝦在冰箱內放置一晚，解凍之後，用濾網瀝乾水分，再用廚房紙巾擦乾水分。

起司和醬汁從中央向外塗抹

1 奶油起司在10℃下放置一晚，取出後在室溫下放置10分鐘左右，軟化後將其放在1片麵包中央，不按壓吐司，把奶油起司往四個角落抹開。接著把甜辣醬A放在中央，在奶油起司的上方抹開。

美乃滋擠在較遠的兩側

2 把綠葉生菜和貝比生菜放置在中央，讓中央高高隆起。把番茄放在中央，兩側擠上螺旋狀的美乃滋。這個時候的關鍵就是要把美乃滋擠在左右較遠的位置，盡量避免沾到胡蘿蔔和蝦子。

淋上甜辣醬，補強風味

3 把鹽漬薄削胡蘿蔔重疊在中央，蒸蝦朝相同方向對齊，排放在上方。在蒸蝦的上方淋上甜辣醬B。因為甜辣醬分別淋在2個位置，所以咀嚼的時候，酸味、辣味和甜味就能夠均勻擴散。

利用芫荽的莖，製造口感變化

4 把芫荽的莖和葉分開，依序擺上莖、葉。把莖彙整成整束，就能製造出清脆的口感。重疊上另1片麵包，在上面疊放烤盤。靜置30分鐘左右，待餡料均勻服貼之後，切成2等分。

海鮮三明治

THE ROOTS neighborhood bakery

ザ・ルーツ・
ネイバーフッド・ベーカリー

鮮蝦越式法國麵包

使用的麵包
越式法國麵包

←12cm→

搭配90%以上的水，加入用水烹煮的米粉和豬油，製作成濕軟、柔韌且酥脆的三明治專用法國麵包。塑形成略帶圓形的長條麵包。除了「鮮蝦越式法國麵包」之外，也可以用來製作「明太子法國麵包」。

海鮮三明治

芫荽、甜辣醬 — 鹽水蝦
涼拌胡蘿蔔
肝醬
紅萵苣

塗上肝醬，夾上餡料，最後再加上芫荽和甜辣醬的長棍麵包三明治是越南的特有組合。這裡還加上了越南料理的生春捲最經典的蝦子。在法國麵包麵團裡面加上用熱水烹煮的米粉和豬油，製作出彈牙且酥脆的專用長棍麵包，這個部分也是關鍵。

材料
越式法國麵包……1個
肝醬*1……15g
紅萵苣……2片
涼拌胡蘿蔔*2……30g
鹽水蝦……3尾
芫荽……適量
甜辣醬（市售品）……1大匙

*1 肝醬
用水把雞肝和雞心（1kg）清洗乾淨，去除髒血，放進牛乳內浸泡，在冰箱內放置一晚。把橄欖油倒進平底鍋，開中火加熱，放入洋蔥細末（400g）拌炒。把橄欖油倒進另一個平底鍋，開中火加熱，倒入蒜末（3瓣）、雞肝和雞心拌炒。大約七分熟之後，加入洋蔥，持續拌炒直到全熟。淋入白蘭地（適量），點火嗆燒。把鍋子從火爐上移開，放涼，用食物調理機攪拌成糊狀。加入有鹽奶油（料糊的5%）進一步攪拌。用鹽巴調味。

*2 涼拌胡蘿蔔
把胡蘿蔔（5條）的外皮削掉，用刨刀削成薄片。撒上鹽巴（適量）搓揉，短暫放置。把白酒醋（100ml）、鹽巴（2撮）、精白砂糖（30g）、第戎芥末醬（30g）充分混拌。慢慢加入橄欖油（150g）攪拌，讓材料乳化，製作出沙拉醬。把胡蘿蔔的水稍微瀝乾，用沙拉醬拌勻，在冰箱內醃漬一晚。

製作方法
1 從側面切開麵包。把肝醬塗抹在下方的切面，放上紅萵苣。

2 重疊上涼拌胡蘿蔔，排列上鹽水蝦。

3 把芫荽放在最上方，淋上甜辣醬。

THE ROOTS neighborhood bakery

ザ・ルーツ・
ネイバーフッド・ベーカリー

蒜蓉蝦

使用的麵包
長條麵包
13cm

使用和法國長棍麵包相同的麵團。搭配全麥麵粉和高灰分的麵粉，誘導出小麥的濃厚滋味。製作「蒜蓉蝦」或作為三明治使用時，就會塑形成體積較小的長條麵包。

海鮮三明治

田螺奶油　美乃滋醬
美乃滋
鹽水蝦

大量巴西里和蒜泥的田螺奶油，再加上鮮蝦，視覺、味覺全都是重點的改良版蒜香法國麵包。為避免田螺奶油在烘烤期間往下流，所以添加了杏仁粉。滑順的口感也讓人食指大動。

材料
長條麵包……1個
美乃滋醬*1……20g
鹽水蝦……3尾
美乃滋……15g
田螺奶油*2……10g

*1 **美乃滋醬**
美乃滋（500g）加入洋蔥細末（300g）混拌。

*2 **田螺奶油**
巴西里……150g
蒜頭……50g
洋蔥……100g
有鹽奶油……450g
白胡椒……適量
芥末粒……100g
杏仁粉……100g

1 用食物調理機把巴西里、蒜頭、洋蔥攪拌成糊狀。
2 把髮蠟狀的奶油和白胡椒放進調理盆，把1分成4次倒入，每次倒入都要充分攪拌均勻。
3 加入芥末粒和杏仁粉，充分攪拌均勻。

製作方法
1 從側面切開麵包，把美乃滋醬塗抹在下方的切面。
2 把鹽水蝦排列成橫排。
3 把美乃滋塗抹在上方的切面。
4 把田螺奶油塗抹在麵包表面，用230℃的烤箱烤7分鐘。

鮮蝦美乃滋三明治

ベイクハウス イエローナイフ

Bakehouse Yellowknife

使用的麵包
牛奶麵包 (26cm × 15cm)

添加鹽巴和砂糖，用100%的牛乳代替水，配方十分簡單的牛奶麵包。非常適合搭配蓬鬆、柔軟，略帶甜味與辛辣的餡料。

海鮮三明治

標示說明：美乃滋、蝦球、煎蛋、涼拌胡蘿蔔、蘆筍、紫甘藍沙拉、紅萵苣

橘色、紫色、黃色、綠色，充滿各種鮮豔色彩的三明治。主要的餡料是在裹上麵衣油炸的炸蝦上麵包裹一層甜辣醬的蝦球。抑制美乃滋的用量，涼拌胡蘿蔔和紫甘藍沙拉等蔬菜，用鹽巴和油進行極簡單的調味，藉此襯托出蝦球這個主角的魅力。

材料
- 牛奶麵包（厚度2cm的切片）……2片
- 美乃滋……3.5g
- 煎蛋（參考37頁）……2塊
- 紅萵苣……10g
- 蝦球*1……2個
- 涼拌胡蘿蔔*2……50g
- 蘆筍*3……1支
- 紫甘藍沙拉*4……10g

*1 蝦球
剝掉白蝦的殼，用什錦炸的要領，分別把5～6尾蝦裹上麵衣（低筋麵粉500g、泡打粉1小匙、橄欖油3小匙、水200g），用170～180℃的油酥炸2～3分鐘。冷卻後，把甜辣醬（甜辣醬4大匙、美乃滋2大匙、牛乳1小匙、精白砂糖少量）包裹在外層。

*2 涼拌胡蘿蔔
用切片器把胡蘿蔔（2條）刨成薄片，用檸檬汁（2大匙）、EXV橄欖油（2大匙）、鹽巴、黑胡椒（各適量）拌勻。

*3 蘆筍
稍微水煮後，用鹽巴、黑胡椒、EXV橄欖油拌勻。

*4 紫甘藍沙拉
紫甘藍切絲，用鹽巴、黑胡椒、EXV橄欖油、精白砂糖少量拌勻。

製作方法
1. 把美乃滋抹在1片麵包上面，放上煎蛋。放上蝦球、紅萵苣，再重疊上另1片麵包，用紙包起來。
2. 把涼拌胡蘿蔔、蘆筍、紫甘藍沙拉夾在食材之間。

gruppetto

グルペット

章魚
和鮮豔蔬菜×二郎
OSABORI醬的塔丁

使用的麵包
魯邦麵包

13cm × 37cm

為製作出香酥、滋味濃厚的味道，混入20％黑麥和20％全麥麵粉。使用魯邦液種，用過夜發酵法發酵，抑制酸味，誘出麵粉的風味。添加蜂蜜，製作出柔韌麵團，也是關鍵。

海鮮三明治

分解圖標示：
- 番茄、甜椒
- 章魚
- 蒔蘿
- 二郎OSABORI醬
- 烏魚子、普羅旺斯香料、黑胡椒
- 香煎櫛瓜、櫻桃蘿蔔、鯷魚橄欖
- 酸奶油
- 莫札瑞拉起司

專為與兵庫縣的陶器與生活雜貨店「ミズタマ舍」之間的合作活動所開發。把麵包當成容器，把ミズタマ舍自創的普羅旺斯橄欖醬「二郎OSABORI醬」，和章魚、夏季蔬菜組合成三明治。夏季蔬菜經過熱炒，讓味道濃縮，再和其他食材混拌，完美調和味道後再盛裝。

材料
- 魯邦麵包（厚度2cm的切片）……1片
- 二郎OSABORI醬……20g
- 蒜油……適量
- 小番茄（AIKO）……20g
- 甜椒（紅、黃）……30g
- 櫛瓜……30g
- 鹽巴、黑胡椒……各適量
- 章魚（水煮）……20g
- 櫻桃蘿蔔（切片）……5片
- 莫札瑞拉起司（櫻桃尺寸）……2個
- 鯷魚橄欖……1個
- 烏魚子……少量
- 普羅旺斯香料……少量
- 酸奶油……10g
- 二郎OSABORI醬（頂飾用）……3g
- 蒔蘿……少量

製作方法

1. 把二郎OSABORI醬抹在麵包上面。

2. 將蒜油倒進平底鍋，放入切成對半的小番茄、切成骰子切的紅、黃甜椒、切成銀杏切的櫛瓜拌炒，用鹽巴和黑胡椒調味。

3. 把2和水煮後切成一口大小的章魚、櫻桃蘿蔔、莫札瑞拉起司、鯷魚橄欖盛裝在1的上面。

4. 撒上削成碎屑的烏魚子、普羅旺斯香料和黑胡椒。將酸奶油和二郎OSABORI醬放在中央。裝飾上蒔蘿。

ビーバーブレッド

煙燻鮭魚和酪梨

煙燻鮭魚＋酪梨＋酸奶油的經典組合，新洋蔥和紅椒的甜味，增加清脆感，同時再加上萊姆的清爽風味。搭配和海鮮類餡料十分契合，添加了穀類的硬式麵包，吃上一個就能獲得充分滿足的三明治。

黑胡椒、橄欖油
酪梨
新洋蔥片和紅椒絲
煙燻鮭魚
褶邊生菜
混入蒔蘿的酸奶油

BEAVER BREAD

使用的麵包

薩瑞斯鄉村麵包

在由3種北海道產麵粉和石臼研磨全麥麵粉混合製成的長棍麵包麵團裡面，混入罌粟籽和亞麻仁籽、白芝麻。添加奶油提味，製作出麵包芯柔韌、麵包皮酥脆的麵包。

9cm
12cm

材料

薩瑞斯鄉村麵包……1個
酸奶油*1……20g
蒔蘿*1……適量
褶邊生菜……1片
新洋蔥片和紅椒絲*2……25g
煙燻鮭魚……35g
酪梨*3……1/6個
萊姆皮和萊姆汁*3……1/6個
黑胡椒……適量
橄欖油……適量

*1 酸奶油、蒔蘿

把切碎的蒔蘿混進酸奶油裡面。

*2 新洋蔥片和紅椒絲

1 新洋蔥剝掉外皮，薄切，泡水後，瀝乾水分。紅椒去除蒂頭和種籽，切絲。

2 把新洋蔥和紅椒混在一起，充分拌均。

*3 酪梨、萊姆皮和萊姆汁

1 把酪梨切成3片（厚度約3mm的切片）。

2 淋上萊姆汁，用刨刀把萊姆皮削成碎屑。

製作方法

1 從側面切開麵包，在下方的切面抹上混入蒔蘿的酸奶油。

2 鋪上褶邊生菜，放上新洋蔥片和紅椒絲。

3 排放上煙燻鮭魚，放上酪梨。

4 撒上黑胡椒，淋上橄欖油。

海鮮三明治

Craft Sandwich

クラフト サンドウィッチ

鮭魚醬

使用的麵包

圓形坎帕涅麵包

13cm

特徵是運用麵粉風味的濃郁味道。搭配海鮮等味道稍微清淡的餡料時，通常都是採用這種麵包來增添香氣。

海鮮三明治

標註：萵苣、醃漬紫甘藍、水煮馬鈴薯、鮭魚醬、奶油

鮭魚醬加上了第戎芥末和酸奶油、檸檬皮，製作出豐富的風味。馬鈴薯以葡萄牙料理為基底，利用橄欖油、鹽巴、巴西里調味，並以保留清脆口感為重點。用白酒醋和蔗糖醃漬的紫甘藍，不管是口感或是鮮豔色彩都是亮點。

材料

圓形坎帕涅麵包……1個
鮭魚醬*1……50g
奶油……10g
水煮馬鈴薯*2……50g
醃漬紫甘藍（參考48頁）……30g
萵苣……20g

*1 鮭魚醬

鮭魚肉塊……1塊
A 紅洋蔥（細末）……鮭魚重量的5%
　酸奶油……35%
　第戎芥末……5%
　檸檬皮（磨成泥）……少量
　奶油……10%
鹽巴（蓋朗德海鹽）……少量

1 把鮭魚放進沸騰的熱水裡面，用小火烹煮15～20分鐘。把鮭魚從熱水中取出，放進濾網，去除魚骨和魚皮，將肉揉散。

2 把A倒進1裡面輕柔混拌。用鹽巴調味。

*2 水煮馬鈴薯

馬鈴薯（250g）帶皮從冷水開始烹煮，剝掉外皮，再把厚度切成5mm。之後和蓋朗德海鹽（2g）、EXV橄欖油（10g）、平葉洋香菜（2g）一起放進調理盆，在不完全破壞馬鈴薯形狀的情況下混拌。

製作方法

1 從側面切開麵包，把鮭魚醬鋪在下方的切面，上方切面抹上奶油。

2 把水煮馬鈴薯、醃漬紫甘藍放在鮭魚醬的上方，夾上萵苣。

BAKERY HANABI

ごちそうパン ベーカリー花火

干貝與煙燻鮭魚的可頌三明治

使用的麵包
可頌卷
3cm × 9cm

因為預計用來搭配鹹味的餡料，而不是甜點麵包類的餡料，所以刻意抑制甜度。使用日本產奶油，把麵團折成3折3次，再捲成圓形，放進模型裡面烘烤。

海鮮三明治

使用可頌，以漢堡樣式供餐，徹底改變外觀的三明治。為製作出輕盈口感，餡料採用海鮮類食材，以法國料理的開胃菜為基礎，再搭配上夏季蔬菜、鮭魚和干貝。用松露美乃滋增添濃郁與香氣，製作出奢華的風味。

（圖示標註）松露美乃滋、香煎干貝、褶邊生菜、櫻桃蘿蔔、黃椒、煙燻鮭魚、香煎櫛瓜

材料
- 可頌卷……1個
- 松露美乃滋*1……10g
- 褶邊生菜……5g
- 香煎櫛瓜*2……1片
- 黃椒（切塊）……5g
- 煙燻鮭魚……2塊（15g）
- 櫻桃蘿蔔（切片）……2片
- 香煎干貝*3……2個

＊1 松露美乃滋
在美乃滋裡面添加松露油，加上香氣。

＊2 香煎櫛瓜
把櫛瓜縱切成薄片，用加熱蒜油*4的平底鍋，將兩面煎出烤色。

＊3 香煎干貝
干貝撒上鹽巴，用加熱蒜油*4的平底鍋，將兩面煎出烤色。

＊4 蒜油
把切成粗粒的蒜頭（5kg）和橄欖油（3ℓ）放進鍋裡，用小火烹煮40分鐘，過濾。殘留的蒜頭搗碎成糊狀，留下來作為其他用途使用。

製作方法

1. 從側面切開麵包，分成上下2個等分。下方的麵包剖面抹上松露美乃滋。

2. 放上褶邊生菜，再層疊上香煎櫛瓜、黃椒、煙燻鮭魚。

3. 層疊上切片的櫻桃蘿蔔、香煎干貝。

パンカラト ブーランジェリーカフェ
米蘭扇貝排與蔬菜的熱壓三明治

製作好之後,放置一晚,隔天以回烤形式提供的特色三明治。放置一晚之後,蔬菜的水分會滲透,回烤之後,呈現出內部濕潤,外層香酥的味道。海鮮和蛋白混合後,烘烤製作成慕斯,製作成不脫水狀態,是最主要的關鍵。

番茄醬
番茄
小黃瓜
醃漬高麗菜
扇貝排
醃漬高麗菜
芥末奶油

Pain KARATO Boulangerie Cafe

使用的麵包
穀糧麵包

在龐多米麵包的麵團裡面，添加混雜了藜麥和黑芝麻等的綜合穀糧（對比麵粉16％），以及黑米糊（對比麵粉6％）。比起標準的龐多米麵包，水分比較不容易滲入，所以就用來製作這次的三明治。

8.5cm / 7cm / 20cm

材料

穀糧麵包（厚度1cm的切片）……2片
穀糧麵包（厚度5mm的切片）……1片
番茄……15g
小黃瓜……25g
芥末奶油（市售品）……5g
醃漬高麗菜＊1……60g
番茄醬＊2……5g
扇貝排＊3……25g

＊1 醃漬高麗菜
切絲的高麗菜（250g）和美乃滋（20g）、鹽巴、白胡椒（各適量）、掐碎的刺山柑（7g）一起混拌。

＊2 番茄醬
水煮番茄（500g）過篩，用鹽巴、白胡椒調味後，熬煮收汁。

＊3 扇貝排
扇貝……1kg
鹽巴……適量
白胡椒……適量
蛋白……30g
鮮奶油（乳脂肪含量47％）……500g
A 雞蛋（蛋液）……6個
　起司粉……約100g
　麵粉……20g

1 扇貝撒上鹽巴、白胡椒，放進食物調理機攪拌。呈現某程度的柔滑狀後，加入蛋白攪拌。倒進調理盆，加入鮮奶油混拌，調整硬度。
2 把1裝進擠花袋，擠在鋪有烘焙紙的的烤盤上面，用90℃的蒸籠加熱約7分鐘。冷卻後，切成8.5×7cm。
3 把A倒進另一個調理盆混拌，把2放進A材料裡面浸泡，用小火加熱的平底鍋仔細煎煮。

製作方法

1. 番茄去除蒂頭，切成厚度2mm的薄片。小黃瓜1條切成3等分，縱切成0.5mm的薄片。
2. 把芥末奶油抹在厚度1cm的麵包上面，鋪上醃漬高麗菜20g。把1的番茄放在1片麵包的中央，再次鋪上醃漬高麗菜20g，排列上5片1的小黃瓜。
3. 重疊上厚度5mm的麵包，在上面均勻抹上番茄醬。重疊上扇貝排，鋪上醃漬高麗菜20g。
4. 把另1片厚度1cm的麵包重疊在3的上面。在不按壓三明治，不讓中央的番茄移位的狀態下，用保鮮膜包起來。
5. 把4放在調理盤上面，在上面放置調理盤等重物，在冰箱內冷藏一晚。
6. 隔天，拆開保鮮膜，用220℃的烤箱烤5分鐘。切成對半，切口朝上，出餐。

海鮮三明治

パンカラト ブーランジェリーカフェ

大地盛開的花

以老闆唐渡泰的法國餐廳「リュミエール」的前菜為形象的開放式三明治。把麵包當成容器，在上面盛裝干貝的鮮味、蔬菜的風味、色彩鮮艷的實用花。蔬菜泥運用點繪等美食學的技巧，創造出多種味道協調的美味。

蝦夷蔥
胡蘿蔔孜然泥
食用花卉
扇貝薄片
番茄泥
塊根芹泥
塔塔風扇貝和平貝

Pain KARATO Boulangerie Cafe

使用的麵包

坎帕涅麵包

在長棍麵包的麵團裡面加入4～5％的黑麥全麥麵粉和魯邦液種，用手揉麵包製法進行製造。抑制酸味，製作出豐富風味。

13.5cm　20cm

材料

坎帕涅麵包（厚度2cm的切片）……1片
塔塔風的平貝和扇貝*1……40g
塊根芹泥*2……10g
扇貝薄片*3……4g
胡蘿蔔孜然泥*4……3g
番茄泥*5……3g
食用花卉……適量
蝦夷蔥……適量

***1 塔塔風的平貝和扇貝**

扇貝……4個
平貝……1/2個
北寄貝……1/4個
扇貝邊……4個份量
北寄貝邊……1個份量
洋蔥沙拉醬（參考16頁）……40g
鹽巴……適量
香艾菊……2支

1. 扇貝從殼上把貝柱取下，連同葡萄籽油（份量外，適量）一起進行真空包裝，用40℃的烤箱蒸15分鐘。平貝從殼上取下，清洗乾淨後，用85℃的熱水烹煮後，急速冷卻，把水分擦乾。分別切成7mm丁塊。
2. 把橄欖油（份量外）倒進平底鍋，放入北寄貝、扇貝和北寄貝邊煎煮，加入少量的洋蔥沙拉醬之後，進行洗鍋收汁。用手持攪拌器攪碎。
3. 把1和2一起放進調理盆，用鹽巴、剩餘的蒜頭沙拉醬、切碎的香艾菊調味。

***2 塊根芹泥**

塊根芹……100g
洋蔥……20g
馬鈴薯……10g
橄欖油……10ml
檸檬汁……10ml
鹽巴……適量

1. 塊根芹削掉外皮，切成寬度1cm。連同葡萄籽油（份量外，適量）一起進行真空包裝，用100℃的烤箱蒸15分鐘。
2. 把洋蔥切片，用橄欖油（份量外，適量）小火拌炒，洋蔥變軟後，把1倒入拌炒。加入切片的馬鈴薯，熟透後，用攪拌機攪拌，急速冷卻。
3. 用橄欖油和檸檬汁、鹽巴調味。

***3 扇貝薄片**

用食品乾燥機乾燥的扇貝貝柱（80g）和小松菜的菜葉（5片），一起用攪拌機攪碎。

***4 胡蘿蔔孜然泥**

胡蘿蔔（1條）削掉外皮，切成4等分。用100℃的烤箱蒸20分鐘。用攪拌機攪伴，急速冷卻。加入葡萄籽油（適量），讓材料乳化。用鹽巴和孜然（各適量）進行調味。

***5 番茄泥**

洋蔥……20g
番茄……2個
鹽巴……適量
葡萄籽油……適量

1. 拌炒切成細末的洋蔥，加入切塊的番茄熬煮。
2. 把1放進攪拌機攪拌，急速冷卻。用鹽巴、葡萄籽油調味。

海鮮三明治

盛裝時，避開手指抓捏的部分

1 麵包稍微烤過。注意客人用手抓捏的部分，避開麵包的1/3部分，把塔塔風的平貝和扇貝盛裝在麵包上面。把裝進擠花袋裡面的塊根芹泥，擠在上面。

利用讓人聯想到青苔的貝柱薄片加深印象

2 鋪上扇貝的貝柱薄片，完整覆蓋塊根芹泥。以點繪的方式，在各處擠上胡蘿蔔孜然泥、番茄泥，最後裝飾上天藍繡球、石竹、瓜葉菊等食用花卉和蝦夷蔥。

125

BAKERY HANABI

ごちそうパン ベーカリー花火

大量魩仔魚與櫛瓜的辣椒開放式三明治

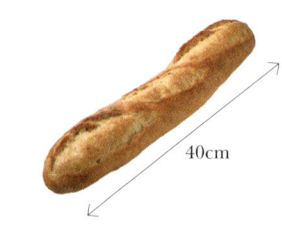

使用的麵包

巴塔

40cm

麵團和法國長棍麵包（參考64頁）相同，不過，切的時候，巴塔表面面積會變大，麵包芯的咬勁也會增加，所以主要被用來製作開放式三明治。

海鮮三明治

辣椒絲
魩仔魚
櫛瓜醬

靈感來自義大利塗在麵包上面品嚐的櫛瓜醬，開發成適合搭配紅酒等酒精飲料品嚐，符合成熟大人風格的三明治。醬料十分簡單，櫛瓜、蒜油、鹽巴、起司粉。最後再加上大量的蒜油拌魩仔魚，增加豐盛感。

材料

巴塔（寬度16cm）……1/2個

櫛瓜醬*1……50g

魩仔魚……50g

蒜油（參考121頁）……適量

黑胡椒……適量

辣椒絲……適量

*1 **櫛瓜醬**

蒜油（參考121頁）……50ml

櫛瓜……2條

鹽巴……適量

起司粉……2大匙

1 把蒜油倒進平底鍋，放入切成適當大小的櫛瓜，用小火炒30分鐘。

2 加入鹽巴、起司粉調味。

製作方法

1 把櫛瓜醬塗抹在麵包的剖面。

2 把蒜油、黑胡椒倒進魩仔魚裡面混拌，鋪在1的上面。

3 裝飾上辣椒絲。

BAKERY HANABI

ごちそうパン ベーカリー花火

巨型磨菇和牡蠣的白醬開放式三明治

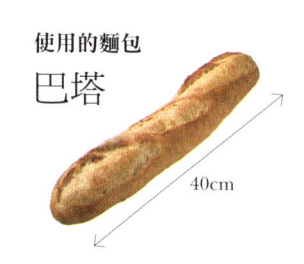

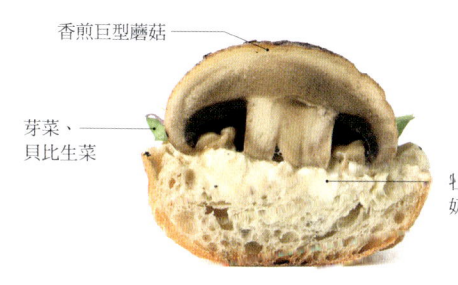

使用的麵包
巴塔
40cm

海鮮三明治

香煎巨型磨菇

芽菜、貝比生菜

牡蠣奶油醬

主角是用蒜油香煎的巨型磨菇。塗抹在麵包上的牡蠣奶油醬，在製作的時候，一邊壓碎牡蠣，一邊炒出香氣，再用鮮奶油和奶油起司增加濃度。牡蠣的鮮味和豐厚磨菇的濃醇香氣，在嘴裡瞬間擴散。

材料

巴塔（寬度16cm）……1/2個
牡蠣奶油醬＊1……50g
香煎巨型磨菇＊2……1個
貝比生菜……適量
芽菜（青花菜苗、紫甘藍芽）
　……適量
黑胡椒……適量

＊1 牡蠣奶油醬

蒜油（參考121頁）……適量
牡蠣（加熱用）……1kg
洋蔥（細末）……1個
鮮奶油（乳脂肪含量42%）
　……200ml
奶油起司……500g
蒜泥……1大匙

1 把蒜油倒進平底鍋加熱，放入牡蠣和切成細末的洋蔥，一邊壓碎牡蠣，一邊拌炒。

2 加入鮮奶油、奶油起司、蒜泥，一邊混拌，使奶油起司融化。

＊2 香煎巨型磨菇

用倒了蒜油的平底鍋，把巨型磨菇煎至烤色，蓋上鍋蓋，用小火加熱3～4分鐘。

製作方法

1 把牡蠣奶油醬塗抹在麵包的剖面。

2 把巨型磨菇放在麵包正中央，在周圍裝飾上貝比生菜、芽菜。撒上黑胡椒。

33（サンジュウサン）

牡蠣＆毛豆醬＆羅勒

以法國料理的食材契合度作為靈感來源。油封牡蠣搭配香氣豐富的羅勒醬和微帶乳香的毛豆醬，再加上煎得焦香的培根、烤馬鈴薯和蘆筍，增添口感變化。為了充分發揮餡料的風味，麵包選擇硬式麵包。

培根
烤馬鈴薯
起司粉
油封牡蠣、烤蘆筍
毛豆醬
紅萵苣
羅勒醬

San jū san

使用的麵包
長條麵包

麵包芯彈牙有嚼勁、麵包皮酥脆的三明治專用麵包。長條麵包麵團使用北海道產的中高筋麵粉，在13～18℃的溫度下發酵一晚，分割成200g。確實發酵，烘烤出鬆軟、輕盈的口感。切成1/2使用。

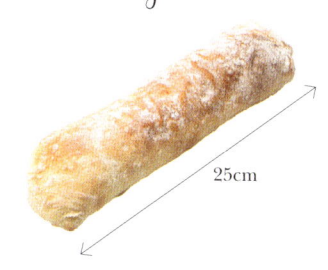

25cm

材料
長條麵包……1/2條
羅勒醬*1……20～25g
紅萵苣……1片
乾鹽培根*2……1片（約10g）
油封牡蠣*3……4個
烤馬鈴薯*4……2片
毛豆醬*5……20～25g
烤蘆筍*6……1支
起司粉……適量

*1 羅勒醬
羅勒……約60g
蒜頭……1瓣
EXV橄欖油……適量
起司粉……25g
鹽巴……5～6g

1 把鹽巴以外的材料混在一起，用攪拌器攪拌成糊狀。
2 加入鹽巴調味。

*2 乾鹽培根
用上火240℃、下火250℃的烤箱烤4～5分鐘。

*3 油封牡蠣
廣島產冷凍牡蠣……1kg
米油……適量
加入淹過牡蠣的米油，用中火加熱8～10分鐘。

*4 烤馬鈴薯
馬鈴薯帶皮切成厚度5mm。淋上橄欖油，撒上鹽巴，用上火240℃、下火250℃的烤箱烤8分鐘。

*5 毛豆醬
白醬*7……300g
毛豆糊*8……150g
把毛豆糊混進白醬裡面。

*6 烤蘆筍
把蘆筍排放在烤盤內，淋上橄欖油，撒上鹽巴，用上火240℃、下火250℃的烤箱烤6分鐘。

*7 白醬
奶油……100g
低筋麵粉……80g
牛乳……1kg
牛高湯調味料（韓國製「大喜大」）……20g
乳酪絲……130g
古岡左拉起司……20～25g

1 把奶油放進鍋裡，用中火把奶油煮融。加入低筋麵粉、牛乳、大喜大調味料，一邊攪拌加熱。
2 加入乳酪絲、古岡左拉起司，產生稠度後，關火。

*8 毛豆糊
毛豆（無豆莢）……200g
法式清湯（顆粒）……4g

1 用加了法式清湯的熱水烹煮毛豆。
2 瀝乾水分，用攪拌器攪拌成糊狀。

鋪上香氣豐盛的自製羅勒醬

1 從上方切開麵包，把羅勒醬塗抹在整個剖面。鋪上紅萵苣，縱向夾上乾鹽培根。用烤箱把乾鹽培根烤酥，作為鮮味和口感的重點。

均衡重疊牡蠣和馬鈴薯

2 把4個Q彈軟嫩的油封牡蠣排列在麵包上，將烤馬鈴薯平均配置在其間。擠出1條垂直的毛豆醬，用瓦斯噴槍炙燒牡蠣和毛豆醬。

烤得酥脆的蘆筍是重點

3 放上烤蘆筍，最後在餡料上方撒上大量的起司粉。蘆筍淋上橄欖油後，用烤箱烤酥，成為口感的亮點。

海鮮三明治

ブラン ア ラ メゾン

麻婆牡蠣

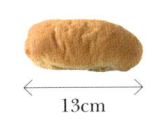

使用的麵包

四萬十生薑和尼泊爾花椒的午餐麵包

← 13cm →

以相同比例，把熊本縣產南之香和北海道產夢閃混在一起，再利用蔗糖和奶粉增添濃郁。加入四萬十生薑粉和搗碎的帖木兒花椒（尼泊爾產的山椒），製作成讓人感受到清涼香氣和刺激辛辣氣味的麵包。

海鮮三明治

煎蔥
芽蔥
麻婆牡蠣

因為牡蠣非常適合中式料理的調味方式，因而有了這個新靈感。用甜麵醬、豆瓣醬和蠔油等調味料製作出麻婆豆腐風味的醬料，加入牡蠣，再用太白粉水勾芡，然後再用添加了山椒香氣的午餐麵包夾起來。由於餡料的水分較多，所以午餐麵包便減少了水量，藉此達到平衡。

材料
四萬十生薑和尼泊爾花椒的
　午餐麵包……1個
麻婆牡蠣*1……70g
煎蔥*2……適量
芽蔥……適量

***1 麻婆牡蠣**
芝麻油……適量
生薑（細末）……1塊
蒜頭（細末）……1瓣
豆瓣醬……1小匙
蔥（細末）……30g
牛豬混合絞肉……50g
A 醬油、蠔油……各1大匙
　 酒、水……各適量
甜麵醬……1大匙
牡蠣（用鹽水清洗）……6個
太白粉（用水溶解）……適量
帖木兒花椒、黑胡椒
　……各適量

1. 把芝麻油倒進平底鍋加熱，加入生薑、蒜頭、豆瓣醬拌炒。產生香氣後，加入蔥拌炒。
2. 把牛豬混合絞肉倒進1裡面拌炒，把 A 倒入。加入甜麵醬，加入牡蠣，快速烹煮。
3. 用太白粉水勾芡，加入帖木兒花椒、黑胡椒。

***2 煎蔥**
把深谷蔥的綠色部分切片，連同芽蔥一起，用加熱沙拉油的平底鍋香煎。撒上些許鹽巴調味。

製作方法
1. 從上方切開麵包，夾入麻婆牡蠣。
2. 放上煎蔥和芽蔥。

130

& TAKANO PAIN

タカノパン

茄子鮪魚三明治

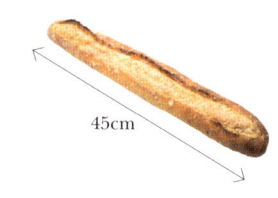

45cm

使用的麵包

法國長棍麵包

採用法國產麵粉等3種麵粉和烘烤過的玉米粉。大約花40小時低溫發酵，製作出蓬鬆、輕盈，讓人百吃不膩的口感。三明治用的長棍麵包採用薄烤，讓口感更加酥脆。每份使用1/3段。

海鮮三明治

- 櫻桃型莫札瑞拉起司
- 半乾番茄
- 芥末粒
- 鮪魚餡料
- 烤茄子、美乃滋
- 綠葉生菜
- 奶油

用帶有果香且濃郁的自製沙拉醬混拌的鮪魚餡料，再重疊上烤茄子和莫札瑞拉起司、半乾番茄，製作成夏季的經典三明治。帶有芥末酸味的清爽口感，尤其深受到女性的喜愛，「即便在炎熱的天氣，也能吃得清爽」。

材料

法國長棍麵包……1/3條
奶油……7g
芥末粒……3g
綠葉生菜……8g
烤茄子*1……2～3片
美乃滋……8g
鮪魚餡料*2……50g
櫻桃型莫札瑞拉起司……1個
油漬半乾番茄……1.5個

*1 烤茄子
茄子……1條
橄欖油……5g
1 茄子斜切成厚度5mm的薄片。
2 排放在烤盤上，用毛刷抹上橄欖油。
3 用上火220℃、下火230℃的烤箱烤6分鐘。

*2 鮪魚餡料
油漬鮪魚（小袋）……1kg

沙拉醬（將下列材料混合）
……400g
蜂蜜……50g
芥末粒……50g
橄欖油……100g
覆盆子油醋……200g

鮪魚不把油瀝乾，放進調理盆，加入沙拉醬混拌。

製作方法

1 從側面切開麵包，在下方的切面抹上奶油，上方的切面抹上芥末粒。

2 鋪上綠葉生菜，排放上烤茄子。

3 把美乃滋擠在烤茄子的上方，在3個部位擠成螺旋狀，放上鮪魚餡料。

4 把櫻桃型莫札瑞拉起司和分別切成1/2的半乾番茄，交錯排列在上方。

THE ROOTS neighborhood bakery

ザ・ルーツ・
ネイバーフッド・ベーカリー

季節蔬菜和鮪魚的
義式溫沙拉

使用的麵包
拖鞋麵包

←11cm→

專門烤來製作三明治的拖鞋麵包是手捏的半硬質類型。紮實的嚼勁和酥脆的口感，非常適合製成三明治。添加了10%的橄欖油，就算冰過仍不會變硬，非常適合製成冷藏三明治。

海鮮三明治

香蒜鯷魚熱沾醬
鹽水煮蘆筍
半乾番茄
鹽水煮菜花、甜豆
鮪魚沙拉
紅萵苣

春天是豌豆莢、蘆筍、油菜花；夏天則是南瓜、水茄子……以此類推，用色彩豐富的時令蔬菜作為主角製作三明治。靈感來自義大利料理的前菜，搭配酸味十足且清爽的鮪魚沙拉，最後淋上滿滿的巴涅加烏達醬作為點綴。

材料
拖鞋麵包……1個
紅萵苣……2片
鮪魚沙拉*1……30g
鹽水煮菜花……3支
鹽水煮甜豆……2個
鹽水煮蘆筍……1/2支
香蒜鯷魚熱沾醬*2……適量
半乾番茄（參考39頁）
　……1/2個

*1 鮪魚沙拉
均勻混拌鮪魚（水煮，1kg）、美乃滋（100g）、白酒醋（20g）。把檸檬皮（50g）切成細末，混入。檸檬皮連同砂糖、香辛料一起放進檸檬水裡面浸漬。

*2 香蒜鯷魚熱沾醬
把熱水放進鍋裡，用大火煮沸，放入蒜頭（500g），再次煮沸。蒜頭煮透後，切成塊，連同淹過食材的牛乳一起放進鍋裡，用小火烹煮至軟爛。取出蒜頭，把水瀝乾。牛乳也預留備用。把蒜頭和鯷魚（50g）放進食物調理機，攪拌成糊狀。確認硬度，把前面預留備用的牛乳倒入適量，調整濃度。倒進容器，放涼，表面覆蓋橄欖油（適量），放進冰箱保存。

製作方法
1 從側面切開麵包。把紅萵苣撕碎夾入，把鮪魚沙拉塗抹在上面。

2 重疊上水煮的菜花、甜豆、蘆筍。

3 把香蒜鯷魚熱沾醬淋在蔬菜上面。放上半乾番茄。

Chapeau de paille

シャポードパイユ

鮪魚、雞蛋、小黃瓜的三明治

使用的麵包

法國長棍麵包

在麵團裡面添加芝麻油，製成香氣濃郁且酥脆的法國長棍麵包。利用低溫長時間發酵，製作出柔韌口感。麵包皮薄脆。商品照片是一半尺寸（12.5cm）。

25cm

海鮮三明治

黑橄欖　小黃瓜
水煮蛋
鮪魚美乃滋
奶油

把尼斯沙拉改良成三明治。在鮪魚美乃滋裡面添加糊狀的鯷魚，增添濃郁與鹹味。小黃瓜切成4mm的薄片，讓咬下麵包的時候，能感受到更棒的口感。一口就能吃到鮪魚、水煮蛋和橄欖，一次品嚐到複雜的美味。

材料（2份）

法國長棍麵包⋯ 1條
奶油⋯⋯13g
小黃瓜⋯⋯50g
鮪魚美乃滋*1⋯⋯50g
水煮蛋⋯⋯少於1個
鹽巴⋯⋯適量
黑胡椒⋯⋯適量
黑橄欖（切片）⋯⋯6片

*1 **鮪魚美乃滋**
把鮪魚罐頭（1.7kg）、自製美乃滋（參考63頁，600g）、剁成糊狀的鯷魚（50g）混在一起。

製作方法

1. 從側面切開麵包，在兩邊的切面抹上奶油。

2. 排放上厚度4mm的小黃瓜片，擠上鮪魚美乃滋。

3. 排放上厚度5mm的水煮蛋片，撒上鹽巴、黑胡椒。

4. 把黑橄欖放在水煮蛋上面。切成1/2。

BEAVER BREAD

ビーバーブレッド

鮪魚拉可雷特起司

使用的麵包

牛奶法國麵包

6cm / 11cm

以日本傳統的法國麵包為形象，添加牛乳，製作成硬度比法國長棍麵包更柔軟、輕盈的小麵包。酥脆的麵包皮、爽口的麵包芯，和各種不同的食材都十分契合。

海鮮三明治

拉可雷特起司
巴西里
鮪魚餡料

在油漬鮪魚裡面添加蒜頭、半乾番茄和檸檬汁，製作成鮪魚餡料，用小麵包夾起來，再層疊上巴西里和拉可雷特起司，最後再進一步烘烤的三明治。徹底發揮檸檬的酸味和香氣，以及起司的鮮味，讓經典的鮪魚三明治成為大人們的最佳下酒菜。

材料

牛奶法國麵包⋯⋯1個
鮪魚餡料＊1⋯⋯40g
巴西里（細末）⋯⋯適量
拉可雷特起司⋯⋯30g

＊1 鮪魚餡料

油漬鮪魚⋯⋯30g
半乾番茄⋯⋯5g
蒜頭⋯⋯少量
檸檬汁⋯⋯少量
EXV橄欖油⋯⋯5g
鹽巴⋯⋯少量
白胡椒⋯⋯少量
檸檬皮⋯⋯少量

1 鮪魚把油瀝乾。半乾番茄切成細末。蒜頭磨成泥。

2 把1倒進調理盆，加入檸檬汁、橄欖油、鹽巴、白胡椒混拌。

3 用刨絲刀削下檸檬皮，混入。

製作方法

1 麵包從上方切開，夾入鮪魚餡料。

2 把巴西里撒在鮪魚餡料的上面，鋪上拉可雷特起司。

3 用上火120℃、下火210℃的烤箱烤7分鐘。

以蔬菜為主的

三明治

モアザンベーカリー
鷹嘴豆泥貝果三明治

在裹上孜然和蒜香氣味的鷹嘴豆泥上面，層疊上大量中近東的綜合香料「杜卡」。重疊上用橄欖油煎煮的茄子、切片的番茄，以及3種混合芽菜的貝果三明治。柔韌的貝果、堅果和蔬菜的口感相互交疊，組合成令人滿足的美味。

芽菜
番茄
烤米茄子
鷹嘴豆泥、杜卡

MORETHAN BAKERY

使用的麵包
雜糧貝果

搭配14％富含維生素、礦物質、食物纖維的燕麥和葵花籽等雜穀。外層也撒滿大量雜穀，烘烤出氣味芳香的貝果。口感宛如紐約貝果，充滿嚼勁，非常容易食用。

←10cm→

材料
雜糧貝果……1個
鷹嘴豆泥*1……65g
杜卡*2……25g
烤米茄子*3……2片
番茄*4……2片
鹽巴……適量
芽菜*5……7g

*1 鷹嘴豆泥
鷹嘴豆（乾燥）……500g
洋蔥……120g
蒜頭……70g
橄欖油A……25g
孜然籽……8g
橄欖油B……250g
鹽巴……4g
黑胡椒……1g
檸檬汁……20g
白芝麻糊……250g

1 用幾乎淹過食材的水量，把鷹嘴豆浸泡一晚，烹煮30～40分鐘，直到軟爛。
2 洋蔥、蒜頭切成細末。
3 用平底鍋加熱橄欖油A，加入孜然籽，持續加熱至焦脆。關火，放涼。加入蒜頭，用中火加熱，炒香後，加入洋蔥，持續拌炒至軟爛。
4 把瀝乾水分的1和3、橄欖油B、鹽巴、黑胡椒、檸檬汁、白芝麻糊混在一起，用攪拌機攪拌成糊狀。

*2 杜卡
杏仁……250g
腰果……250g
孜然籽……100g
芫荽籽……120g
白芝麻……160g
鹽巴……60g

1 杏仁用180℃的烤箱烤8～10分鐘，用擀麵棍敲碎。腰果用擀麵棍敲碎。
2 用平底鍋把孜然籽、芫荽籽、白芝麻乾煎至輕微上色，用攪拌機攪拌成細末。
3 把1和2、鹽巴混拌在一起。

*3 烤米茄子
厚度切成1cm，用適量的橄欖油煎至上色後，撒上些許鹽巴。

*4 番茄
厚度切成1cm。用廚房紙巾包裹，在冰箱內放置一晚，瀝乾水分。

*5 芽菜
把營養價值高的青花菜苗、色彩鮮艷的紫甘藍芽和辛辣的芥末苗混在一起。

以蔬菜為主的三明治

鋪上高高隆起的鷹嘴豆泥

1 從側面切開麵包，均等分成上下兩個部分。把鷹嘴豆泥抹在下方切面。這時要在中央鋪上高高隆起的鷹嘴豆泥，藉此讓之後重疊的茄子、番茄更穩定。把麵包切成2等份時，餡料看起來就會比較平均。

自製杜卡是味覺與口感的重點

2 把杜卡放進調理盤，將杜卡均勻撒在抹了鷹嘴豆泥的那一面。在堅果裡面添加孜然和芫荽，配方獨特的杜卡為香氣和口感增添了異國風味。

芽菜增添清脆感

3 放上2片烤米茄子，上面放置2片番茄片。最上面則放上就算經過一段時間，口感依然十分清脆的青花菜苗、紫甘藍芽和芥末苗。出餐時，切成1/2。

チクテベーカリー

舞茸和鷹嘴豆泥的湘南洛代夫三明治

中東各國十分普及的鷹嘴豆醬、鷹嘴豆泥的三明治。不使用動物性食材，添加蒜頭的鷹嘴豆泥，重疊上季節蔬菜的鮮味，讓味道更具層次。這裡再搭配上用EXV橄欖油煎炸的舞茸，讓鷹嘴豆和菇類濃縮的鮮味更添豐富。

芝麻菜
烤舞茸
鷹嘴豆泥

CICOUTE BAKERY

使用的麵包

湘南洛代夫麵包

以相同比例使用神奈川縣產石白研磨麵粉「湘南小麥」，以及北海道產高筋麵粉・春之戀。以含水率107%製作出適合製作三明治的鬆軟口感。柔軟且入口即化的洛代夫麵包，即便是高齡顧客也能輕鬆食用，深受歡迎。

11cm
13.5cm

材料

湘南洛代夫麵包……1/2個
鷹嘴豆泥*1……40g
烤舞茸*2……45g
黑胡椒……適量
芝麻菜……約5g

＊1 鷹嘴豆泥

有機乾燥鷹嘴豆……800g
A 蒜頭（去除外皮和芯，壓碎）……30～40g
　白烤芝麻……5大匙
　EXV橄欖油……400g
　鹽巴（蓋朗德海鹽）……5g
　黑胡椒……適量
　檸檬汁……9大匙

1 把乾燥鷹嘴豆放進大量的水裡面浸泡一晚，泡軟。換新的水，用中火加熱。沸騰後，把火侯調小，烹煮25～30分鐘，直到硬度呈現可以用手指壓碎的程度。
2 放涼，將水確實瀝乾。
3 把2和A放進食物調理機，攪拌至柔滑程度。
4 用鹽巴、黑胡椒、檸檬汁調味。

＊2 烤舞茸

舞茸……1/3株
黑胡椒……適量
EXV橄欖油……適量
鹽巴……適量
檸檬汁……約1g

1 把舞茸撕成細絲，為了釋出水分，把1株分成3分之1左右。
2 讓黑胡椒和橄欖油裹滿整體。蕈褶部分淋上較多的橄欖油，用270℃的烤箱煎烤約8分鐘。
3 用鹽巴、黑胡椒、檸檬汁調味。

中央部分厚塗鷹嘴豆泥

1 麵包切成1/2，從斜上方切開麵包。打開切口，把鷹嘴豆泥塗抹在下方的切面。為避免咬下的時候餡料溢出，中央部分厚塗，邊緣部分薄塗。

把舞茸推疊在中央

2 鋪上烤舞茸，撒上黑胡椒。舞茸要連蕈褶的內側都確實裹滿橄欖油，預先煎烤備用。

芝麻菜的苦味製造出層次感

3 放上芝麻菜，把麵包蓋上。芝麻菜不會釋出多餘的水分，就算經過一段時間仍不會變色，所以經常用來製作三明治。

以蔬菜為主的三明治

MORETHAN BAKERY

モアザンベーカリー

酪梨起司三明治

15cm × 35cm

使用的麵包

坎帕涅麵包

使用2種日本產麵粉，搭配25%北海道產北之香全麥麵粉的坎帕涅麵包，利用自製魯邦酵種長時間發酵。彈牙有嚼勁的口感和恰到好處的酸味、小麥的甜味，不管是鹹味或是甜味的餡料，全都非常契合。

以蔬菜為主的三明治

綠葉生菜 / 酸奶油醬
芽菜
酪梨
番茄
芥末
格律耶爾起司

以「能夠吃到大量美味蔬菜」為主題的菜單。味道的關鍵是以芥末醬為亮點的自製酸奶油醬。恰到好處的酸味提高蔬菜的新鮮感，同時讓整體融為一體。起司使用濃郁鮮味不輸給坎帕涅麵包的格律耶爾起司。

材料

坎帕涅麵包（厚度1.3cm的切片）……2片
芥末……6g
格律耶爾起司片……13g
番茄*1（片）……2片
酪梨*2……1/6個
芽菜*3……20g
綠葉生菜……1/2片
酸奶油醬*4……13g

*1 **番茄**
切成厚度1cm的薄片，用廚房紙巾包起來。在冰箱內靜置一晚，把水瀝乾。

*2 **酪梨**
去除種籽和外皮，切成1/2。再進一步切成厚度5mm的薄片。

*3 **芽菜**
把營養價值高的青花菜苗、色彩鮮艷的紫甘藍芽、辛辣的芥末苗混在一起使用。

*4 **酸奶油醬**
酸奶油……80g
美乃滋……40g
蜂蜜……10g
鹽巴……1g
芥末醬……2g
把材料放在一起攪拌均勻。

製作方法

1 在下層的麵包抹上芥末。

2 放上格律耶爾起司片，排上2片番茄。

3 把酪梨錯位排放。依序疊上芽菜、綠葉生菜。

4 另1片麵包抹上酸奶油醬後，放在3的上面。

140

Bakehouse Yellowknife

ベイクハウス イエローナイフ

素食三明治

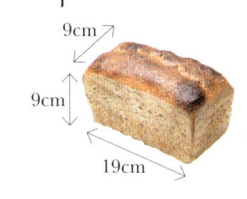

使用的麵包
全麥鄉村吐司

9cm × 9cm × 19cm

希望支持當地農民，所以麵粉以埼玉縣的農林61號為主。除了搭配40％埼玉‧片山農場的全麥麵粉之外，還添加了用黑麥釀製的酵母與魯邦液種，製作出更加濃醇的風味。

以蔬菜為主的三明治

芝麻菜、芫荽、青花菜苗
醃漬蔬菜
鷹嘴豆泥

以風味豐富的鷹嘴豆泥作為主菜的素食三明治。麵包使用含有黑麥和全麥麵粉，帶有酸味的鄉村吐司，就算只有植物性食材，依然能夠感到滿足。醃漬蔬菜藉由烘烤鎖住鮮味，再用中東的綜合香辛料「杜卡」和橄欖油增加香氣。

材料

全麥鄉村吐司（厚度1.5cm的切片）……2片
鷹嘴豆泥*1……60g
醃漬蔬菜*2……100g
芝麻菜、芫荽、青花菜、芽菜……共計30g
EXV橄欖油…… 適量

＊1 鷹嘴豆泥
鷹嘴豆（乾燥）……500g
A 蒜頭……1瓣
　EXV橄欖油……50g
　芝麻醬……30g
　檸檬汁……30g
　鹽巴……5g
　孜然粉……1大匙
　芫荽粉……1大匙
　辣椒粉……1大匙
　紅辣椒粉……1大匙
　煮鷹嘴豆的湯汁……50g

1 鷹嘴豆泡水一晚。放進鍋裡，烹煮至軟爛程度。
2 把1和A放進食物調理機攪拌成糊狀。

＊2 醃漬蔬菜
把紅椒、黃椒、茄子切成細條，用鋁箔紙包起來，用180℃的烤箱烤30分鐘。放進冰水裡面，剝掉外皮，用杜卡、EXV橄欖油混拌。

製作方法

1 把鷹嘴豆泥抹在1片麵包上面，放上醃漬蔬菜。

2 依序重疊上芝麻菜、芫荽、青花菜苗。淋上橄欖油，再重疊上另1片麵包。

ベイクハウス イエローナイフ

油炸鷹嘴豆餅三明治

「油炸鷹嘴豆餅」是，在鷹嘴豆糊或蠶豆糊裡面混入香辛料，搓成球狀後酥炸的中東料理，是以素食料理而引人矚目的績優股。鬆脆的貝果、添加芝麻醬而更添濃郁的油炸鷹嘴豆餅，再加上大量的蔬菜，健康且份量十足。

甜辣醬
油炸鷹嘴豆餅
醃漬胡蘿蔔
萵苣
番茄　芝麻醬

Bakehouse Yellowknife

使用的麵包
貝果

不需要咀嚼太久，口感酥脆的三明治用貝果。把刀尖放在高度2/3的位置，往斜下方切開，藉此製造出立體感，餡料的份量也會顯得更加鮮明。

10cm

材料
貝果……1個
芝麻醬*1……10g
萵苣……10g
番茄……55g
醃漬胡蘿蔔*2……20g
油炸鷹嘴豆餅*3……60g
甜辣醬……5g

*1 芝麻醬
A 孜然籽……1大匙
　白粒胡椒……1小匙
　芫荽籽……1小匙
芝麻醬……1大匙
EXV橄欖油……50g

檸檬汁……1個
鹽巴（蓋朗德海鹽）……少量

1 A稍微炒過之後，放進食物調理機攪拌成粉末。
2 把1和剩餘的材料放進食物調理機，用低速攪拌10～20秒。

*2 醃漬胡蘿蔔
胡蘿蔔……1條
白酒醋……20g
EXV橄欖油……20g

1 為了凸顯風味和口感，胡蘿蔔不削皮，直接切成絲。
2 把1和白酒醋、橄欖油混拌均勻。

*3 油炸鷹嘴豆餅
鷹嘴豆（乾燥）……200g
A 芫荽……100g
　芫荽粉……15g
　卡宴辣椒粉……10g
　孜然粉……15g

辣椒粉……5g
檸檬汁……1個
鹽巴……2g
橄欖油……50g
小蘇打……2/3大匙
芝麻醬……50g
低筋麵粉……適量
EXV橄欖油……適量

1 把鷹嘴豆放進水裡浸泡一晚，把水瀝乾。
2 把1放進食物調理機，用中速攪拌成粗粒。
3 把A倒進2裡面，用中速攪拌成糊狀。
4 把3搓揉成直徑約3.5cm的球狀。撒上低筋麵粉，用180℃的橄欖油把表面炸至焦黃色。

利用芝麻醬強調芝麻風味

1 把刀尖放在高度2/3的位置，往斜下方切開麵包。不要讓上下完全分離，大約留下5mm左右。在下方的切面抹上自製芝麻醬。多塗抹一些，藉此強調芝麻風味。

用大量的蔬菜提高健康感

2 依序放上撕成一口大小的萵苣、削掉外皮、切成梳形切的番茄、醃漬胡蘿蔔。

主角是添加芝麻醬的油炸鷹嘴豆餅

3 把2個隱約帶有香辛料的自製油炸鷹嘴豆餅夾進貝果裡面。油炸鷹嘴豆餅添加了把芝麻磨成糊狀的調味料「芝麻醬」，味道十分濃郁。最後，為避免味道太模糊，淋上甜辣醬，為整體增添亮點。

以蔬菜為主的三明治

チクテベーカリー

雙色櫛瓜和莫札瑞拉起司的洛斯提克三明治

享受蔬菜風味的健康三明治。櫛瓜切成長度6cm的棒狀後，烘烤。把硬脆的綠色、軟嫩的黃色交錯擺放，讓人可以同時品嚐到各不相同的口感。利用莫札瑞拉起司的濃郁和檸檬的酸味、羅勒的香氣，製作出令人百吃不膩的三明治。

羅勒
橄欖油
莫札瑞拉起司
烤櫛瓜（綠、黃色）

CICOUTE BAKERY

使用的麵包
農家麵包

酥脆且具有份量感的農家麵包是，非常容易應用於三明治的麵包。使用日本產麵粉，將含水率抑制在偏低的87％，不論是哪種餡料都很適合搭配，呈現出濃郁的口感。

10.5cm
12.5cm

材料
農家麵包……1個
EXV橄欖油……10g
綠色和黃色的烤櫛瓜*1
　　……100g
檸檬汁……2g
莫札瑞拉起司……26g
鹽巴……1g
黑胡椒……適量
EXV橄欖油（最後收尾）
　　約1g
羅勒葉……2～3片

*1 **綠色和黃色的烤櫛瓜**
綠色櫛瓜……1/2條
黃色櫛瓜……1/2條
鹽巴……適量
黑胡椒……適量
EXV橄欖油……適量

1 綠色和黃色的櫛瓜分別切成長度6cm，以放射線狀切成6等分。

2 把1排放在烤盤上，撒上鹽巴、黑胡椒，淋上橄欖油，用250℃的烤箱烤5分鐘。把烤盤的前後翻轉對調，進一步烤5分鐘。

※櫛瓜的風味和口感會因季節而有不同，因此，每次都需要調整切的方式、鹽巴用量和加熱時間。

把橄欖油淋在切面

1 從斜上方切開麵包。打開切口，把橄欖油淋在切面。

把綠色和黃色櫛瓜交錯擺放

2 烤櫛瓜依照綠色和黃色交錯配置，擺放8～10條。淋上檸檬汁，放上厚度切成5mm薄片的莫札瑞拉起司。

最後撒上鹽巴、黑胡椒，淋上橄欖油

3 撒上鹽巴、黑胡椒。把橄欖油淋在莫札瑞拉起司上面，最後再放上羅勒。

以蔬菜為主的三明治

CICOUTE BAKERY

チクテベーカリー

醃漬菇菇三明治

使用的麵包
黑杏仁麵包

13.5cm × 32cm

以北海道產高筋麵粉為主，再混合上北海道產全麥麵粉和石臼研磨麵粉等4種日本產麵粉。小麥鮮味濃厚的麵團，搭配對比麵團23%的生杏仁。堅果的鮮味和硬脆的口感便是這個整體的亮點。

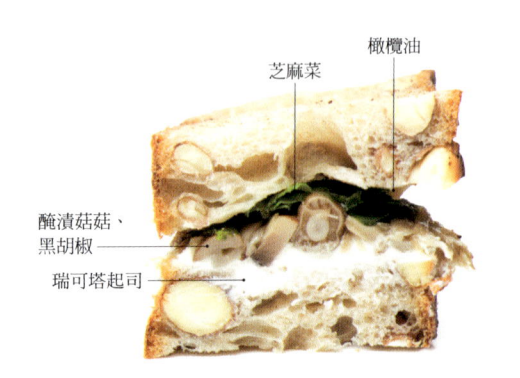

以蔬菜為主的三明治

芝麻菜
橄欖油
醃漬菇菇、黑胡椒
瑞可塔起司

用蒜頭和火蔥增添香味的油，清炸舞茸、棕玉菇、鴻喜菇，再用紅酒醋醃漬。連同瑞可塔起司和芝麻菜一起，用硬式麵包夾起來，製作成鮮味豐富的健康三明治。混在麵包裡面的生杏仁，為口感增添變化，讓人百吃不膩。

材料

黑杏仁麵包（厚度1.5～1.7cm的切片）……2片
瑞可塔起司……30g
醃漬菇菇＊1……40g
黑胡椒……適量
芝麻菜……約5g
橄欖油……適量

＊1 醃漬菇菇
棕玉菇、舞茸、鴻喜菇等……共計1kg
火蔥……500g
蒜頭……100g
辣椒……8條
橄欖油……1ℓ
月桂葉……5片
紅酒醋……300g
鹽巴……25g

1 棕玉菇切成1/4～1/6。其他菇類分切成小朵。
2 火蔥去除外皮，薄切。蒜頭去除外皮。辣椒取出種籽。
3 把橄欖油、月桂葉、火蔥、蒜頭、辣椒放進鍋裡，用不會沸騰的小火加熱30分鐘，熬出香味。
4 把1倒入，清炸。
5 把紅酒醋和鹽巴放進調理盆混拌。趁熱的時候，把4放進盆裡浸漬。在冰箱內放置一晚，用濾網把使用份量的水瀝乾。可保存3～4天。

製作方法

1 把瑞可塔起司塗抹在1片麵包上面。
2 放上醃漬菇菇，撒上黑胡椒，放上芝麻菜。
3 把橄欖油淋在另1片麵包上面，覆蓋在2的上面。

CICOUTE BAKERY

チクテベーカリー

小黃瓜和白乳酪的三明治

使用的麵包
湘南洛代夫麵包

11cm × 13.5cm

以相同比例使用神奈川縣產石臼研磨麵粉「湘南小麥」，以及北海道產高筋麵粉・春之戀。以含水率107％製作出符合三明治的鬆軟口感。柔軟且入口即化的洛代夫麵包，即便是高齡顧客也能輕鬆食用，深受歡迎。

以蔬菜為主的三明治

白乳酪和小黃瓜醬
橄欖油、鹽巴、黑胡椒

用軟脆的洛代夫麵包夾上大量的小黃瓜和白乳酪醬，十分健康的三明治。小黃瓜切成略大的滾刀塊，製作出清脆的口感。餡料內夾雜著孜然的香氣和檸檬的酸味，清爽的風味令人食指大動，吃到最後一口都不會覺得膩。

材料

湘南洛代夫麵包……1/2個
白乳酪和小黃瓜醬＊1……95g
EXV橄欖油……適量
鹽巴……適量
黑胡椒……適量

＊1 白乳酪和小黃瓜醬

小黃瓜……3條
白乳酪……300g
EXV橄欖油……15g
檸檬汁……15g
孜然粉……5g

1 小黃瓜切成3cm的滾刀塊。
2 把白乳酪、橄欖油、檸檬汁、孜然粉混在一起，把1倒入混拌。

製作方法

1 把麵包切開，夾入白乳酪和小黃瓜醬。
2 淋上橄欖油，撒上鹽巴、黑胡椒。

MORETHAN BAKERY

モアザンベーカリー

VEGAN
烤蔬菜三明治

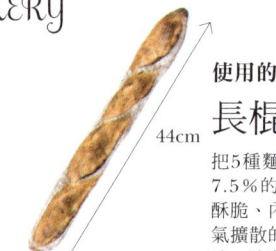

使用的麵包
長棍麵包

44cm

把5種麵粉混合在一起,並搭配7.5%的全麥麵粉。製作成外層酥脆、內層鬆軟,小麥甜味和香氣擴散的法國長棍麵包。沒有腥味,適合搭配各種餡料。將1條切成1/2後使用。

以蔬菜為主的三明治

芥末、杏仁奶油、豆漿美乃滋
烤胡蘿蔔
芝麻菜的花
烤茄子
番茄

以農家直送的當季有機蔬菜作為主角的素食三明治。胡蘿蔔先用水煮,誘出甜味之後,再用烤箱烘烤,鎖住鮮味。把誘出蔬菜甜味的自製杏仁奶油和醇厚酸味的豆漿美乃滋,塗抹在麵包上面,連同番茄和烤茄子一起夾進麵包裡。

材料
長棍麵包……1/2條
芥末……5g
杏仁奶油*1……10g
豆漿美乃滋(市售品)……12g
番茄(切片)*2……1.5片
烤茄子*3……2片
烤胡蘿蔔*4……2條
芝麻菜的花……適量

*1 杏仁奶油
杏仁500g用180℃的烤箱烤8～10分鐘。其中的400g用攪拌機攪拌成糊狀,再把剩餘的100g倒入,攪拌成脆粒狀。加入花生油(80g)、鹽巴(4g)、砂糖(洗雙糖,40g)充分混拌。

*2 番茄
切成厚度5mm的薄片,用廚房紙巾包起來。在冰箱內放置一晚,瀝乾水分。切成半月切和銀杏切。

*3 烤茄子
切成厚度5mm的薄片,用橄欖油香煎。撒上些許鹽巴,切成半月形,瀝掉多餘的油。

*4 烤胡蘿蔔
使用島胡蘿蔔、紫胡蘿蔔等。在帶皮狀態下,用加了鹽巴的沸水烹煮至軟爛,排放在倒上橄欖油的烤盤上面,用180℃的烤箱烤15～20分鐘。縱切成1/2。

製作方法
1 從側面切開麵包,依序把芥末、杏仁奶油、豆漿美乃滋抹在下方的切面。

2 排放上番茄,上方再排放上烤茄子。放上烤胡蘿蔔,讓烤胡蘿蔔超出麵包。裝飾上芝麻菜的花。

Craft Sandwich

クラフト サンドウィッチ

烤蔬菜和菲達起司 ＆卡拉馬塔黑橄欖

使用的麵包
迷你長棍麵包 18.5cm

尺寸偏小的長棍麵包，長度為正常尺寸的1/3。為了突顯食材的味道，而選擇中性風味的麵包。考慮到易食用性，選擇了麵包皮較薄、麵包芯有嚼勁的長棍麵包，不過，烤過之後，口感會變得酥脆。

以蔬菜為主的三明治

烤櫛瓜
平葉洋香菜
烤茄子
卡拉馬塔黑橄欖
番茄和菲達起司的抹醬

靈感來自希臘料理。由山羊奶製成的菲達起司帶有腥羶味，所以就加上烤過的番茄和百里香，製作成抹醬，呈現帶有香草風味的清爽味道。夾上烤過的櫛瓜和茄子，再加上希臘產的卡拉馬塔黑橄欖，形成別具獨特風格的一道。

材料
迷你長棍麵包……1個
番茄和菲達起司的抹醬*1
　……50g
平葉洋香菜（生）……2撮
卡拉馬塔黑橄欖……10g
烤蔬菜（櫛瓜、茄子）*2
　……60g

*1 番茄和菲達起司的抹醬
小番茄……400g
EXV橄欖油……20g
鹽巴（蓋朗德海鹽）……6g
百里香（生）……1支
蜂蜜……10g
菲達起司……200g

1 把小番茄放進烤箱用的淺盤，用橄欖油、鹽巴、百里香、蜂蜜調味。
2 把菲達起司放在1的烤箱淺盤的中央，用預熱180℃的烤箱烤25分鐘。
3 粗略混拌，放進冰箱冷卻。

*2 烤蔬菜
櫛瓜……1條
茄子……1條
EXV橄欖油……少量
鹽巴（蓋朗德海鹽）……少量

1 櫛瓜和茄子的厚度切成5mm（每份三明治各使用4～5片）。
2 櫛瓜和茄子分別放進不同的平底鍋，倒入橄欖油香煎。最後撒上鹽巴。

製作方法
1 從側面切開麵包，把番茄和菲達起司的抹醬塗抹在下方的切面。
2 把烤蔬菜的櫛瓜和茄子交錯排列。
3 撒上撕碎的平葉洋香菜和切成4等分的卡拉馬塔黑橄欖。

Bakery Tick Tack

ベーカリー チックタック

Tic.Tac三明治

（季節蔬菜和燻牛肉培根三明治）

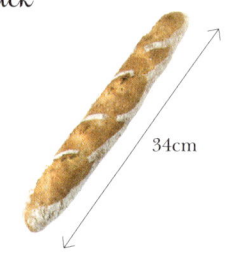

使用的麵包
全麥長棍麵包

34cm

搭配20％的北海道產全麥麵粉，用葡萄乾酵母種發酵的長棍麵包。用手揉麵包製法確實誘出麵粉的鮮味，製作出更有深度的味道。

以蔬菜為主的三明治

- 烤新洋蔥
- 烤茄子
- 紫甘藍拌雪莉醋沙拉醬
- 烤綠蘆筍
- 燻牛肉培根
- 酸奶油美乃滋

採用和歌山縣產的當季蔬菜，以季節感為訴求的三明治。採用以味道鮮明且口感各不相同的常見蔬菜。紫甘藍拌雪莉醋沙拉醬和酸奶油美乃滋的酸味，讓燻牛肉培根的風味更加鮮明。

材料

全麥長棍麵包……1/2條
茄子……25g
新洋蔥……15g
綠蘆筍……10g
鹽巴……適量
黑胡椒……適量
橄欖油……適量
酸奶油美乃滋（參考66頁）……10g
紫甘藍拌雪莉醋沙拉醬（參考33頁）……15g
燻牛肉培根（參考19頁）……20g

製作方法

1. 茄子切成厚度1cm的薄片。新洋蔥剝除外皮，切成厚度1cm的薄片。綠蘆筍切掉根部，削掉堅硬的部分。排放在烤盤上，撒上鹽巴、黑胡椒，淋上橄欖油，用195℃的烤箱烤。

2. 從側面切開麵包，把酸奶油美乃滋抹在下方的切面。

3. 鋪上紫甘藍拌雪莉醋沙拉醬，上面擺放燻牛肉培根。把1的茄子和新洋蔥交錯排放，將綠蘆筍放在最上方。

グルペット

菲達起司可頌三明治

使用的麵包
可頌

← 17.5cm →

搭配10％夢力全麥麵粉的法國麵包麵團，再加上奶油和酪乳粉，將發酵奶油摺3次3折、1次4折。藉由折疊的次數，製作出酥脆滋味。

以蔬菜為主的三明治

（圖示標註）
- 青花菜苗
- 菇菇拌鹽昆布
- 培根
- 酪梨
- 紫蘇
- 美乃滋

開幕時大受好評的三明治「酪梨×昆布×菲達起司×紫蘇×培根」，再加上菇類，藉此增加份量。麵包使用「口感和柔軟的酪梨十分對應的」鬆脆可頌。最後再撒上綜合香辛料「Outdoor Spice HORINISHI」。

材料

- 可頌……1個
- 美乃滋……10g
- 紫蘇……2片
- 培根……2片（36g）
- 酪梨……50g
- 菇菇拌鹽昆布＊1……30g
- 青花菜苗……5g
- EXV橄欖油……少量
- 黑胡椒……少量
- 綜合香辛料……少量

＊1 菇菇拌鹽昆布
- 杏鮑菇……500g
- 蘑菇……250g
- 舞茸……500g
- 鴻喜菇……500g
- 橄欖油……適量
- 黑胡椒……少量
- 鹽昆布……150g
- 菲達起司（切丁塊）……10g

杏鮑菇和蘑菇切成丁塊狀。舞茸和鴻喜菇切掉蒂頭，撕成小朵。把橄欖油倒進平底鍋，放入菇類拌炒，撒上黑胡椒。加入鹽昆布和菲達起司混拌。

製作方法

1. 從側面切開麵包，把美乃滋擠在下方的切面。放上2片紫蘇，排放上2片煎得酥脆的培根。

2. 排放上厚度5mm的酪梨片，放上菇菇拌鹽昆布。放上青花菜苗，淋上少量的橄欖油。撒上黑胡椒和綜合香辛料。

家常菜
三明治

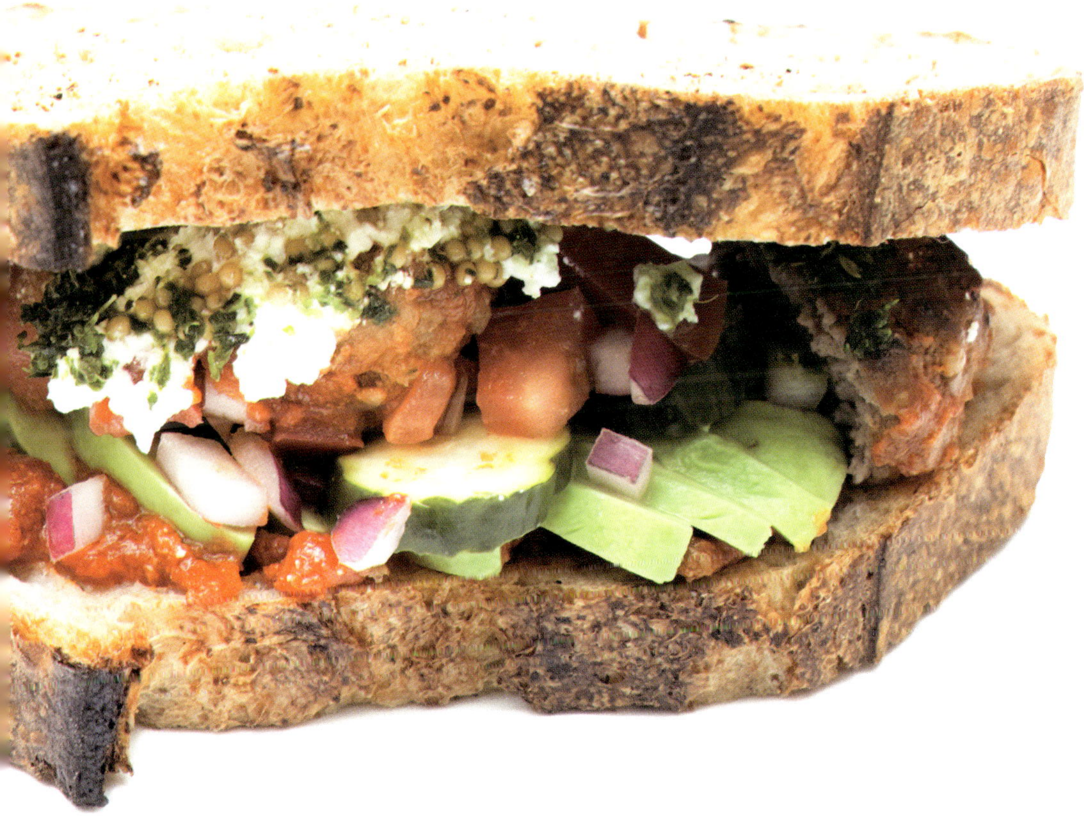

サンド グルマン
法式三明治

層疊3片大尺寸的坎帕涅麵包，飽足感滿分的法式三明治。白醬只擠在上方和麵包邊，所以火腿的鮮味、起司的濃郁和鹹味會更加鮮明，同時也能直接感受到麵包本身的味道。最後的橄欖油增添清爽香氣。

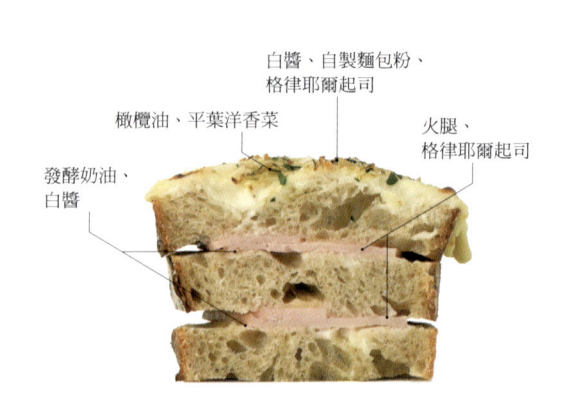

白醬、自製麵包粉、格律耶爾起司
橄欖油、平葉洋香菜
火腿、格律耶爾起司
發酵奶油、白醬

saint de gourmand

使用的麵包
坎帕涅麵包

隱約的酸味和柔軟的口感，非常容易食用的「坎帕涅麵包」是向鄰近的烘焙坊「ペニーレインソラマチ店」採購的。使用正中央的切片來製作法式三明治。

6cm　30cm

材料

坎帕涅麵包（厚度1.5cm的切片）……3片
發酵奶油……10g
白醬*1……30g
火腿……2片
格律耶爾起司……15g
自製麵包粉*2……2g
橄欖油……少量
平葉洋香菜……少量

*1 白醬

奶油……70g
低筋麵粉……70g
牛乳……1ℓ
鹽巴……少量

1 把奶油放進鍋裡，加熱至冒泡程度。
2 加入過篩的低筋麵粉，用打蛋器一邊攪拌加熱。
3 把牛乳放進另一個鍋子，加熱至快要沸騰的程度，慢慢倒進2裡面，用打蛋器一邊攪拌加熱至柔滑程度。
4 加入鹽巴調味，用過濾器過篩。

*2 自製麵包粉

把長棍麵包的邊緣部分切成細碎，在室溫底下晾乾，再用手持攪拌器攪拌成粉末狀。

用白醬連接麵包和餡料

1 分別把發酵奶油塗抹在2片麵包的單面，將5g的白醬擠在1片麵包上面，防止放在麵包上面的餡料滑落。

放上火腿、格律耶爾起司碎屑

2 在白醬上面，排放上2片切成對半的火腿。把削成碎屑的格律耶爾起司5g鋪在火腿上面。

3片重疊，更直接地品嚐麵包

3 把放上火腿和起司的2片麵包重疊起來，剩下的1片麵包放在最上方。

在最上方擠上大量的白醬

4 把白醬擠在頂端，撒上5g自製麵包粉、格律耶爾起司碎屑。用220℃的烤箱烤8分鐘。淋上橄欖油，撒上平葉洋香菜。

以家常菜為主的三明治

クラフト サンドウィッチ

普羅旺斯雜燴和培根＆剛堤起司的法式三明治

在添加大量烤蔬菜的普羅旺斯雜燴上面，重疊上焦糖培根、白醬、剛堤起司，再進一步烘烤，份量十足的三明治。普羅旺斯雜燴的蔬菜不要煮太爛，用烤箱烤過之後，再和番茄醬混拌，保留口感的同時，又能導出鮮味。

巴西里
焦糖培根
白醬、剛堤起司
普羅旺斯雜燴

Craft Sandwich

使用的麵包
魯邦麵包

搭配較多黑麥的健康麵包。特色是酥脆的香氣和帶有酸味的味道，搭配普羅旺斯雜燴等番茄類的料理使用。照片是切成1/4的份量。

13cm × 13cm

材料

魯邦麵包（厚度2cm的切片）……2片
普羅旺斯雜燴*1……80g
焦糖培根*2……20g
白醬*3……80g
剛堤起司……50g
巴西里（生）……2撮

*1 普羅旺斯雜燴

米茄子……1條
櫛瓜……1條
黃椒……1個
紅椒……1個
EXV橄欖油……30g
　（烤蔬菜用20g、番茄醬用10g）
鹽巴（蓋朗德海鹽）……6g
蒜頭……1瓣
番茄泥（粗粒）……400g
蔗糖……5g
苦椒醬……10g

1. 烤蔬菜。米茄子、櫛瓜、2種甜椒切成3～4cm的丁塊狀。把蔬菜放進烤盤，拌入橄欖油（20g）和鹽巴。用預熱至200℃的烤箱烤20分鐘。
2. 製作番茄醬。把橄欖油（10g）和薄切的蒜頭放進鍋裡加熱。產生香氣後，倒入番茄泥、蔗糖、苦椒醬，烹煮20分鐘，直到呈現濃稠狀。
3. 把1和2放進調理盆混拌，用鹽巴（份量外）調味。

*2 焦糖培根

培根（塊狀）……50g
蜂蜜……10g
鹽巴（蓋朗德海鹽）……少量

1. 培根切成5mm的丁塊狀，用平底鍋持續炒至上色。
2. 加入蜂蜜和鹽巴，持續炒至表面呈現酥脆。

*3 白醬

奶油……50g
低筋麵粉……50g
牛乳……500ml
鹽巴（蓋朗德海鹽）……2g

1. 把奶油放進鍋裡，奶油融化之後，加入低筋麵粉，一邊攪拌加熱2～3分鐘。
2. 把牛乳倒入，用打蛋器攪拌，直到產生濃稠感。
3. 用鹽巴調味。

剖面較大的那一片放上面

1 讓剖面較大的那一片麵包放上面，較小的那一片就放下面。把普羅旺斯雜燴鋪在下方的麵包上面。普羅旺斯雜燴的上面放上滿滿的焦糖培根。

加上大量的白醬&起司

2 把30g白醬鋪在1的上面，上方再層疊上剛堤起司。重疊在上方的另1片麵包也要抹上50g白醬，再鋪上大量的康堤起司。

用烤箱烤出金黃酥脆的烤色

3 用預熱180℃的烤箱烤10～15分鐘。康堤起司融化，顯現出烤色之後，從烤箱內取出，將2片麵包重疊起來。撒上切成細屑的巴西里。

以家常菜為主的三明治

ザ・ルーツ・ネイバーフッド・ベーカリー
蘋果和鯖魚魚漿的法式三明治

南法國的鄉土料理「魚漿」是用牛乳燉煮乾鹽鱈，然後再加入馬鈴薯、橄欖油，烹製成糊狀。這裡改用鹽鯖，用迷迭香風味的蘋果和坎帕涅麵包，製作成法式三明治。吃的時候，只要重新加熱，滑溜的口感就會更加鮮明。

白醬　切絲巧達起司
鯖魚魚醬　醃漬蘋果

THE ROOTS neighborhood bakery

使用的麵包
坎帕涅麵包

添加黑麥的大型麵包，同時也是該店的招牌商品。使用2種自製酵母種，充分發酵一個晚上的濃厚味道別具魅力。將麵團塑形成細長狀，避免產生太多氣泡，切成專門用來製作三明治的切片。

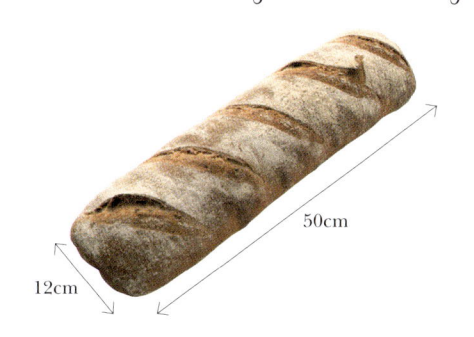

50cm / 12cm

材料
坎帕涅麵包（厚度1.2cm的切片）……2片
鯖魚魚醬*1……60g
醃漬蘋果*2……3塊（25g）
白醬*3……60g
切絲巧達起司……適量

*1 鯖魚魚醬
鹽鯖魚……500g
橄欖油……適量
蒜頭（細末）……適量
烤洋蔥（參考22頁）……150g
馬鈴薯泥……1kg
牛乳……200ml+α
鹽巴、黑胡椒……各適量
白酒醋……適量
有鹽奶油……150g

1 用鐵網燒烤鹽鯖魚，去除魚骨和魚皮，把魚肉揉散。以揉散的狀態下去秤重。
2 把橄欖油和蒜頭放進平底鍋，用中火拌炒出香氣。
3 加入鯖魚的魚肉、烤洋蔥，整體裹滿油之後，加入馬鈴薯泥和牛乳200ml混拌。一邊確認硬度，再視情況添加牛乳，調整濃稠度。用鹽巴、黑胡椒調味。
4 用手持攪拌器攪拌成更細的糊狀。加入白酒醋、有鹽奶油，攪拌均勻。

*2 醃漬蘋果
蘋果（富士）……適量
橄欖油……適量
鹽巴……適量
迷迭香（生）……適量

1 去除蘋果的果皮和果核，切成厚度5mm的梳形切。
2 排列在烤盤上，淋上橄欖油，撒上鹽巴。用200℃的烤箱烤10～15分鐘。熟透之後，從烤盤中取出，放涼。
3 用橄欖油和迷迭香醃漬一晚。

*3 白醬
奶油……100g
低筋麵粉……80g
牛乳……1ℓ
鹽巴、白胡椒、肉荳蔻……各適量

1 把奶油放進鍋裡，用中火加熱。奶油融化後，加入低筋麵粉混拌，持續攪拌至斷筋。
2 用另一個鍋子，把牛乳加熱至60℃。一次倒進1裡面，用打蛋器攪拌煮沸。
3 表面咕嘟咕嘟沸騰後，把鍋子從火爐上移開，用鹽巴、白胡椒、肉荳蔻調味。

用鹽鯖魚製作南法的魚醬料理

1 以均等的厚度，把鯖魚魚醬塗抹在1片麵包上面。

迷迭香風味的蘋果是關鍵

2 把醃漬蘋果重疊在1的上面。在另1片麵包上面抹上白醬20g，讓抹上白醬的那一面朝下，重疊在1的上面。

鋪上起司，製作成法式三明治

3 把白醬40g塗抹在上方，鋪滿切絲巧達起司。用180℃的烤箱烤10分鐘。

以家常菜為主的三明治

Bakery Tick Tack

ベーカリー チックタック
法式三明治

使用的麵包
龐多米麵包
12cm / 15cm / 10cm

以北海道產麵粉為基底，使用葡萄乾酵母種，用過夜發酵法製作出深厚美味的吐司。用含10％牛乳的100％含水率，製作出鬆軟、清爽的滋味。

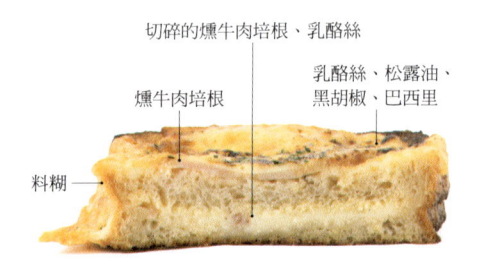

以家常菜為主的三明治

切碎的燻牛肉培根、乳酪絲
燻牛肉培根
乳酪絲、松露油、黑胡椒、巴西里
料糊

把白醬和培根等夾起來的法式三明治，和使用雞蛋的法式吐司組合成原創三明治。希望把沒吃完的吐司加工得更加美味，而將吐司放進料糊裡面，然後再進一步製作。浸泡在加了砂糖的料糊裡面的麵包和餡料的酸甜滋味，十分受歡迎。

材料
龐多米麵包（厚度1.5cm的切片）……2片
料糊＊1……適量
燻牛肉培根A（參考19頁）……20g
乳酪絲A……10g
燻牛肉培根B（參考19頁）……30g
乳酪絲B……40g
松露油……2g
黑胡椒……適量
巴西里……適量

＊1 料糊
雞蛋……9個
白砂糖……75g
牛乳……300g
鮮奶油（乳脂肪含量35％）……50g
蜂蜜……45g
將所有材料混合，過濾。

製作方法

1 把2片麵包放進料糊裡面浸泡。

2 把撕碎的燻牛肉培根A、乳酪絲A撒在1的1片麵包上面。重疊上另1片龐多米麵包，放上燻牛肉培根B，再撒上乳酪絲B。

3 用210℃的烤箱，打開蒸氣，烤9分鐘。淋上松露油，撒上黑胡椒、巴西里。

Bakery Tick Tack

ベーカリー チックタック

塔塔炸蝦的焗烤熱狗

使用的麵包
高含水軟式法國麵包
⟵12cm⟶

開發靈感源自於「硬式類型的麵包」。為製作出能夠感受到小麥芳香的麵團，搭配40%的北海道產小麥綜合麵粉，再加上90%的含水率，藉此製作出酥脆口感。使用葡萄乾酵母種，進行2天的低溫發酵，讓小麥的香氣更濃醇。

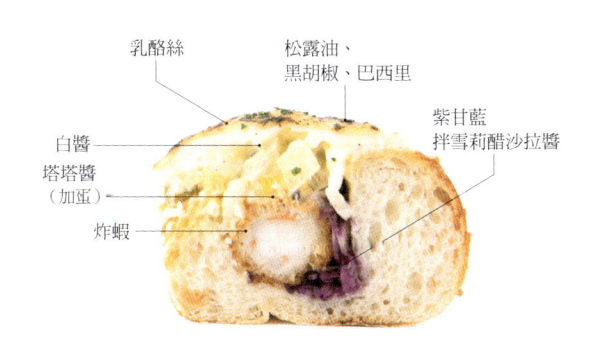

以家常菜為主的三明治

乳酪絲
松露油、黑胡椒、巴西里
白醬
塔塔醬（加蛋）
炸蝦
紫甘藍拌雪莉醋沙拉醬

把炸蝦、塔塔醬、白醬組合起來，再淋上松露油的秋冬熱銷菜單。這是製作成三明治之後再稍微加熱的商品，同時，客戶採購回家後也可能再次加熱，因此，選擇搭配比較柔軟的高含水軟式法國麵包。覆蓋上白醬，也可以防止乾燥。

材料
高含水軟式法國麵包……1個
紫甘藍拌雪莉醋沙拉醬
　（參考33頁）……15g
炸蝦（市售品）……1尾
塔塔醬（加蛋）＊1……20g
白醬＊2……30g
乳酪絲……10g
松露油……2g
黑胡椒……少量
巴西里……適量

＊1 塔塔醬（加蛋）
把水煮蛋（4個）壓碎，和美乃滋（200g）、沒有雞蛋的塔塔醬（參考101頁，200g）混拌。

＊2 白醬
把奶油放進鍋裡，加熱融解。加入融化奶油1對比麵粉1的比例份量，拌炒後，倒進烤盤裡面，冷卻凝固，製作出馬尼奶油。切成方塊狀，冷凍保存。把馬尼奶油1對比牛乳4的比例份量放在一起加熱。用鹽巴、黑胡椒調味，加入少量的肉荳蔻混拌。

製作方法
1 從上方切開麵包，鋪上紫甘藍拌雪莉醋沙拉醬。

2 用烤箱的油炸模式製作炸蝦，把炸蝦夾進麵包，鋪上塔塔醬。淋上白醬，撒上乳酪絲。

3 用上火240℃、下火210℃的烤箱烤5～6分鐘，取出後，用瓦斯噴槍炙燒表面。淋上松露油，撒上黑胡椒、巴西里。

グルペット

羊肉燒賣的越式法國麵包

以家常菜為主的三明治

使用的麵包
拖鞋麵包

15cm

在準備使用之前，搭配10%自家研磨，用來增添香氣的夢力全麥麵粉。利用老麵和微量酵母長時間發酵，味道濃厚的法國麵包麵團，不塑形，切割好之後直接烘烤。藉由減少拉扯的方式，製作出更柔軟的口感。

黑胡椒、芫荽、辣醬
羊肉燒賣、橄欖油
萵苣
越式醃紅白蘿蔔
辣醬、美乃滋

基於使用羊肉的三明治而開發。與其把絞肉製作成肉丸，製作成燒賣反而更令人印象深刻。獨特味道的食材就應該搭配獨特味道的食材，所以就搭配魚露涼拌的越式醃紅白蘿蔔，製作成越式法國麵包。燒賣皮容易變乾，所以最後要抹上橄欖油。

材料
拖鞋麵包……1個
辣醬*1……15g
美乃滋……5g
萵苣（綠葉生菜）……2片
越式醃紅白蘿蔔*2……40g
羊肉燒賣*3……3個
EXV橄欖油……少量
黑胡椒……少量
芫荽……適量
辣醬*1（收尾用）……少量

*1 辣醬
醋（145g）、辣椒（切片，2g）、蜂蜜（15g）、水（50g）、鹽巴（1小匙）、蒜頭（4g）、味醂（45g）、豆瓣醬（1/2小匙）、太白粉（1大匙）、番茄醬（1小匙），用鍋子熬煮至2/3份量。

*2 越式醃紅白蘿蔔
用醋（100g）、鹽巴（3g）、砂糖（10g）、魚露（10g），涼拌切絲的白蘿蔔（200g）和胡蘿蔔（100g）。

*3 羊肉燒賣
把羊肉絞肉（600g）和豬肉絞肉（900g）、洋蔥（細末，500g）混在一起，加入鹽巴（15g）搓揉。把蒜頭（細末，3瓣）、孜然粉（15g）、芫荽粉（15g）、芝麻油（15g）、濃口醬油（30g）、太白粉（30g）、芫荽（撕碎，5支）混在一起，放進冰箱靜置1小時。把30g的材料用餃子皮包起來，用100℃的烤箱蒸20分鐘。

製作方法
1. 把辣醬、美乃滋抹在麵包的下方切面，放上萵苣、越式醃紅白蘿蔔和3個燒賣。

2. 把橄欖油塗抹在燒賣的表面。撒上黑胡椒、芫荽、辣醬。

グルペット gruppetto

番茄燉黑毛和牛牛大腸的寬麵條

使用的麵包
熱狗麵包
15cm

把日本產麵粉搭配奶油、酪乳粉、蔗糖的吐司麵團，塑形成熱狗麵包。用含水率87%製作出微甜的鬆軟口感。

以家常菜為主的三明治

義大利寬麵、番茄燉煮牛大腸

帕馬森起司、黑胡椒、平葉洋香菜、食用花

哈里薩辣醬

採購時發現黑毛和牛的牛大腸，決定用番茄燉牛肚的方式來進行烹調，同時又想著「與其和蔬菜一起燉煮，不如搭配更具份量感的食材」，於是便選擇了義大利寬麵。寬麵和大腸的口感相輔相成，再搭配上哈里薩辣醬，製作出成人口味的拿坡里義大利麵熱狗麵包。

材料

熱狗麵包……1個
義大利寬麵（乾麵）……20g
番茄燉大腸*1……20g
哈里薩辣醬……15g
帕馬森起司……少量
黑胡椒……少量
平葉洋香菜……適量
食用花……適量

＊1 番茄燉大腸

大腸……900g
A 芹菜……2支
　胡蘿蔔……2支
　洋蔥……4個
　培根……5片
水煮番茄（整顆）……1kg
B 鹽巴……15g
　黑胡椒……5g
　普羅旺斯香草……5g
橄欖油……30g
番茄醬……150g
法式清湯（顆粒）……10g

1 大腸用水烹煮過後，切成2cm丁塊。
2 把橄欖油倒進鍋裡，加入切成細末的A。加入水煮番茄，一邊壓碎混拌。把1倒入，烹煮1小時。
3 加入B，調味。

製作方法

1 義大利寬麵用加了1%鹽巴的熱水烹煮8分鐘，和番茄燉大腸混拌。
2 麵包從上方切開，在單邊的切面抹上哈里薩辣醬。
3 把1夾入，撒上帕馬森起司和黑胡椒。撒上平葉洋香菜、食用花。

BEAVER BREAD

ビーバーブレッド

台式炒麵麵包

使用的麵包
鹽麵包

8cm / 11cm

用加了牛乳、奶油、雞蛋的微甜牛奶麵包麵團，把有鹽奶油包起來，烤成表皮酥脆的捲麵包。可以把大量的餡料夾進奶油融化所形成的空洞裡面，同時也可以節省塗抹奶油的時間。

以家常菜為主的三明治

以泰國的炒麵「泰式炒金邊粉」為形象。蒸煮過的粗麵，加上豬絞肉、韭菜、芫荽拌炒，用蠔油、魚露等製作出異國風味。添加杏仁碎作為口感的亮點。因為麵包是奶油風味強烈的鹽麵包，所以餡料的調味刻意減淡。隨附上萊姆。

（標示：萊姆、辣椒粉、炒麵）

材料
鹽麵包⋯⋯1個
炒麵*1⋯⋯140g
辣椒粉⋯⋯適量
萊姆⋯⋯1/12個

*1 炒麵
韭菜⋯⋯10g
芫荽⋯⋯50g
植物油⋯⋯適量
豬絞肉⋯⋯40g
炒麵的麵（蒸過）⋯⋯80g
水⋯⋯適量
A 魚露⋯⋯少量
　蠔油⋯⋯5g
　砂糖⋯⋯少量
　蘋果醋⋯⋯少量
　杏仁碎⋯⋯適量
鹽巴、黑胡椒⋯⋯適量
萊姆⋯⋯1/12個

1 韭菜切碎。芫荽切成細末。
2 用中火加熱平底鍋，倒入植物油，放入豬絞肉拌炒。
3 豬肉變色後，放入炒麵的麵，含水拌炒。
4 麵變軟之後，加入韭菜，加入A，用大火翻炒。
5 用鹽巴、黑胡椒調味，加入芫荽混拌。

製作方法

1 從上方切開麵包，夾入炒麵。

2 在炒麵上面撒上辣椒粉，隨附上梳形切的萊姆。

BEAVER BREAD

ビーバーブレッド

倉州牛可樂餅三明治

使用的麵包
牛奶鹽麵包

6cm / 10cm

添加了牛乳的麵團是以傳統日本的法國麵包為靈感，接著再把有鹽奶油包裹在其中，最後再將其烘烤成酥脆的小麵包。奶油融化所形成的空洞，正好可以夾入大量的餡料，同時也省去塗抹奶油的時間。

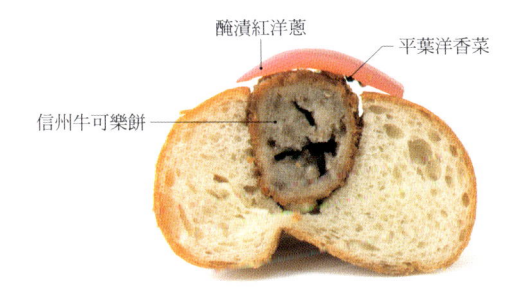

以家常菜為主的三明治

把使用長野縣產黑毛和牛製成長度14cm的可樂餅炸至酥脆，再將大量濃稠的伍斯特醬淋在單面。用奶香豐富的小麵包夾起來，再隨附上切成細末的平葉洋香菜和醃漬紅洋蔥，增添口感和鮮豔色彩。

醃漬紅洋蔥　平葉洋香菜　信州牛可樂餅

材料

牛奶鹽麵包⋯⋯1個
信州牛可樂餅＊1⋯⋯1個
平葉洋香菜（細末）⋯⋯適量
醃漬紅洋蔥⋯⋯1片

＊1 **信州牛可樂餅**

信州牛可樂餅（冷凍）⋯⋯1個
植物油⋯⋯適量
伍斯特醬⋯⋯適量

1 用180℃的油，油炸冷凍的信州牛可樂餅，每面各炸4分鐘。
2 把油瀝乾，把伍斯特醬塗抹在單面的整體。

製作方法

1 從上方切開麵包，夾入信州牛可樂餅。

2 撒上平葉洋香菜，放上醃漬紅洋蔥。

MORETHAN BAKERY

モアザンベーカリー

VEGAN可樂餅漢堡

使用的麵包

素食麵包

使用豆漿和大豆奶油、有機酥油代替奶油和牛乳的素食麵包。帶著日本人喜愛的柔韌、耐嚼,同時又兼具輕盈、酥脆的口感,就算夾上大量餡料仍非常容易食用。

9cm

以家常菜為主的三明治

塔塔醬
烤杏仁
可樂餅、醬汁
紫甘藍

利用杏仁牛奶增添濃郁的馬鈴薯泥,用坎帕涅麵包製作的自製麵包粉包裹後酥炸,製作成酥脆的可樂餅。連同紫甘藍絲一起,用不使用乳製品的素食麵包夾起來,最後再鋪上塔塔醬。隨附上杏仁碎以增加口感重點。

材料

素食麵包……1個
紫甘藍……30g
可樂餅*1……1個
醬汁*2……5g
塔塔醬*3……10g
烤杏仁……1g

*1 可樂餅(1個份量)

用100℃的蒸氣熱對流烤箱加熱馬鈴薯(五月皇后,60g)約1小時。剝掉外皮,用搗碎器把馬鈴薯搗成泥狀。混入杏仁牛奶(10g)、蒜泥(0.2g)、鹽巴(0.3g),塑形成直徑約8cm的圓盤狀。裹上以相同份量的低筋麵粉和水製作出的麵衣,再撒上麵包粉。用菜籽油酥炸。

*2 醬汁

以3:1:1的比例,把辣醬油、番茄醬、楓糖漿混合在一起。

*3 塔塔醬

分別把刺山柑(15g)、紅洋蔥(50g)、平葉洋香菜(2g)切成細末,混進豆漿美乃滋(200g)裡面。

製作方法

1 從側面切開麵包,鋪上切成絲的紫甘藍。

2 可樂餅抹上醬汁,放在1的上面。淋上塔塔醬,撒上烤杏仁碎粒。

Bakehouse Yellowknife

ベイクハウス イエローナイフ

肉丸三明治

18cm / 27cm

使用的麵包
坎帕涅麵包

由於餡料比較重口味，所以麵包選擇酸味較少，味道清淡的種類。在北海道產、熊本縣產和埼玉縣等5種麵粉裡面搭配30％的全麥麵粉，加入用全麥麵粉和黑麥所製作的魯邦液種，以含水率85～90％下料。

以家常菜為主的三明治

圖示標註：
- 芥末粒、香草醋醬
- 茅屋起司
- 義式番茄肉丸
- 酪梨
- 醋漬小黃瓜
- 番茄切丁、醃漬紅洋蔥
- 番茄醬

義大利料理的「Porpetti（番茄肉丸）」，再加上酪梨、番茄、醃漬紅洋蔥和醋漬小黃瓜，製作成含有大量蔬菜的三明治。用香草、蒜頭和青辣椒等製作而成，起源於阿根廷的「香草醋醬」充滿清爽的香氣，餘韻清香。

材料
坎帕涅麵包（厚度2cm的切片）……2片
番茄醬＊1……15g
酪梨（片）……1/2個
醋漬小黃瓜＊2……20g
番茄（丁塊）……10g
醃漬紅洋蔥＊3……20g
義式番茄肉丸＊1……3顆
茅屋起司……10g
芥末粒……5g
香草醋醬＊4……5g

＊1 番茄醬、義式番茄肉丸
製作義式番茄肉丸。把牛豬混合絞肉（1kg）、鹽麴（15g）、雞蛋（1個）、麵包粉（50g）、肉荳蔻（1小匙）、芫荽粉（1大匙）、孜然粉（1大匙）、黑胡椒（5g）、百里香（3支）放在一起搓揉，捏成各30g的肉丸。把葵花籽油倒進平底鍋，放進肉丸，煎煮兩面，擦掉多餘的油脂。加入水煮番茄（2罐番茄罐），用200℃的烤箱煮15分鐘。把熬煮肉丸的湯汁當成番茄醬使用。

＊2 醋漬小黃瓜
用鍋子把米醋（100g）、砂糖（40g）、水（100g）煮沸，放進切片的小黃瓜（1條）浸漬。放涼後，放進冰箱存放。

＊3 醃漬紅洋蔥
把紅洋蔥（1個）切碎，用EXV橄欖油（50g）、米醋（20ml）、鹽巴（少量）混拌。

＊4 香草醋醬
把平葉洋香菜（100g）、巴西里（100g）、刺山柑（50g）、蒜頭（1/2瓣）、青辣椒（2支）、辣椒粉（1大匙）、紅辣椒粉（1大匙）、鯷魚（2片）、EXV橄欖油（200g）、鹽巴（1小匙）混在一起。

製作方法
1. 把番茄醬塗抹在1片麵包上面，排放上酪梨、醋漬小黃瓜。層疊上番茄、醃漬紅洋蔥。

2. 放上義式番茄肉丸，撒上茅屋起司。擠上西洋黃芥末、香草醋醬。

BAKERY HANABI

ごちそうパン ベーカリー花火

美味三色三明治

使用的麵包 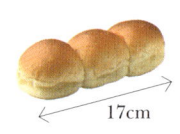
手撕麵包
17cm

使用湯種製作,把就算經過一段時間,仍不容易變硬,口感鬆軟、柔韌的吐司麵團,以每30g一球的形式塑形。因為是添加了奶油和鮮奶油的高糖油麵團,所以也很適合甜點麵包類的餡料。

以家常菜為主的三明治

標示(左起):
- 博多明太通心粉沙拉
- 厚切豬排、豬排醬
- 貝比生菜、青花菜苗
- 手撕豬肉
- 美式高麗菜沙拉

可以同時享受到3種美味的人氣三明治。餡料每天更換,有甜味和小菜系列。豬排約厚切2cm,令人印象深刻,並利用添含水果的自製醬汁,創造出獨特性。通心粉沙拉採用既有製品,再加上明太子醬和切絲的蔬菜,創造出個性美味。

材料

手撕麵包……1個
A 手撕豬肉(市售品)……40g
　貝比生菜、青花菜苗……各適量
　美乃滋……10g
B 厚切豬排*1(切成2cm方塊)……1個
　豬排醬*2……10g
　美式高麗菜沙拉(市售品)……15g
　美乃滋……10g
C 博多明太通心粉沙拉*3……40g
　平葉洋香菜(乾)……適量

*1 厚切豬排
把豬肩胛肉切成厚度2cm,拍打,讓肉質軟化。用麵粉、雞蛋、麵包粉製作麵衣,用170℃的沙拉油炸8分鐘。起鍋後,利用餘熱熟成3分鐘。

*2 豬排醬
用攪拌機,把市售豬排醬(3.6ℓ)、桃子罐頭(固形量約230g,不使用湯汁)、芒果罐頭(固形量約230g,不使用湯汁)、煎洋蔥(500g)攪拌成泥狀,加熱。

*3 博多明太通心粉沙拉
把明太子醬(市售品)、美乃滋、日本芥末、切絲的蔬菜(各適量),放進市售通心粉沙拉裡面混拌。

製作方法

1 從上方切開麵包。

2 把手撕豬肉、貝比生菜、青花菜苗、美乃滋夾進第一節的麵包。

3 把豬排、豬排醬、美式高麗菜沙拉、美乃滋夾進第二節的麵包。

4 把博多明太通心粉沙拉夾進第三節的麵包。撒上平葉洋香菜。

BAKERY HANABI

ごちそうパン ベーカリー花火

牛蒡肉捲長條麵包三明治

使用的麵包

長條麵包

20cm

希望製作出女性也容易食用的長棍麵包尺寸，因而把法國長棍麵包的麵團（參考64頁），塑形成細長形狀的長條麵包。表面呈現酥脆口感。

以家常菜為主的三明治

芥末粒、白芝麻
涼拌胡蘿蔔
美乃滋
褶邊生菜
牛蒡肉捲

「金平牛蒡」的全新改良。用細長且容易食用的長條麵包，把捲著豬肉烹煮的牛蒡和涼拌胡蘿蔔夾起來，長度20cm的牛蒡帶有嚼勁與濃醇香氣，豬肉的鮮味、涼拌胡蘿蔔的水果酸味完美融合。自製芥末的顆粒感也是亮點。

材料

長條麵包……1個
美乃滋……10g
褶邊生菜……1片
牛蒡肉捲*1……1條
涼拌胡蘿蔔*2……40g
芥末粒*3……1小匙
白芝麻……少量

*1 **牛蒡肉捲**

牛蒡切成20cm左右的長度，把相同比例的酒、醬油、味醂混在一起，用鍋子煮5分鐘，關火後，直接放涼。從邊緣開始，用薄切的豬肩胛肉（約30g）把牛蒡捲起來，放進平底鍋煎煮。

*2 **涼拌胡蘿蔔**

胡蘿蔔（切絲）……5條
白酒醋……500ml
柳橙汁……100ml
白砂糖、鹽巴……各1撮

把材料混合，靜置1小時左右。

*3 **芥末粒**

用白酒醋淹過芥末粒（棕色、黃色），加入月桂葉，在室溫下浸漬3天期間。

製作方法

1. 從上面把麵包切開，在兩邊的切面抹上美乃滋。

2. 夾上褶邊生菜、牛蒡肉捲。

3. 把涼拌胡蘿蔔夾在褶邊生菜的相反方向。把芥末粒放在正中央，在整體撒上白芝麻。

Pain KARATO Boulangerie Cafe

パンカラト ブーランジェリーカフェ

菠菜和炒金平三明治 芥末香

使用的麵包
熱狗麵包
←16cm→

把含有麥芽粉末的高筋麵粉，搭配全麥麵粉30％、胚芽0.1％、玉米麵粉5％的佛卡夏麵團塑形成熱狗麵包的形狀。麵包的芳香和菠菜、牛蒡的風味非常契合。

以家常菜為主的三明治

菠菜餡料
炒金平
芥末奶油

非常受歡迎的「菠菜三明治」，加上金平牛蒡的組合。菠菜經過水煮後，纖維會遭到破壞，也比較容易擠出水分。透過低溫拌炒的方式，纖維就會被破壞得太嚴重，同時也不容易滲水。為避免菠菜的香氣流失，不浸泡冰水，直接放涼的部分也是關鍵。

材料
熱狗麵包……1個
芥末奶油（市售品）……4g
菠菜餡料*1……55g
金平牛蒡*2……35g

*1 菠菜餡料
菠菜……2kg
A 培根（切絲）……500g
　 美乃滋……500g
　 芥末粒……180g
　 鹽巴……12g
　 白胡椒……8g

1 菠菜切成寬度4cm的段狀。把橄欖油倒進平底鍋，首先，用小火炒菜梗，避免菜梗變色。菜梗熟透後，加入菜葉拌炒，馬上關火。
2 把1攤放在調理盤，放進急速冷卻櫃裡面急速冷卻。用A拌勻。

*2 金平牛蒡
牛蒡……200g
胡蘿蔔……50g
芝麻油……1大匙
A 醬油……1.5大匙
　 砂糖……1.5大匙
　 味醂……1大匙
白芝麻……適量

牛蒡、胡蘿蔔在帶皮狀態下切成細絲。把芝麻油倒進平底鍋加熱，放入牛蒡和胡蘿蔔拌炒。放入A，確實覆蓋平底鍋，讓食材裹滿醬汁。混入白芝麻。

製作方法
1 從上方切開麵包，把芥末奶油塗抹在兩邊的切面。
2 把菠菜餡料填塞在單一邊，反方向則填塞上金平牛蒡。

ベイクハウス イエローナイフ

雞肉丸和炒金平三明治

使用的麵包

黑糖蜜麵包

15cm × 35cm

在添加黑糖蜜和奶油等的麵團裡面,搭配罌粟籽和藍罌粟籽、白芝麻等6種雜穀。酸酵頭的隱約酸味和黑糖蜜的濃郁香氣與甜味、雜穀的顆粒口感,全都是滿滿的特色。

以照燒風味的雞肉丸和金平牛蒡、煎蛋等小菜為基礎,搭配上用橄欖油調味的涼拌胡蘿蔔和烤茄子、烤甜椒,藉此提高與硬式麵包之間的契合度。使用雞肉丸3個、煎蛋2個,有著宛如吃便當般的滿足感。

組成標示:炒金平、烤茄子、烤紅椒、紅萵苣、雞肉丸、美乃滋、涼拌胡蘿蔔、煎蛋

材料

- 黑糖蜜麵包(厚度2cm的切片)……2片
- 美乃滋……3.5g
- 雞肉丸*1……3個
- 炒金平*2……30g
- 煎蛋(參考37頁)……2塊
- 紅萵苣……10g
- 涼拌胡蘿蔔(參考116頁)……50g
- 烤茄子*3……2塊
- 烤紅椒*3……1塊

*1 雞肉丸

把雞肉絞肉(1kg)、洋蔥細末(1/2個)、麵包粉(1杯)、牛乳(50ml)、雞蛋(1個)、醬油(1大匙)、鹽巴(1小匙)、胡椒(少量)放在一起混拌均勻,將各40g搓圓。把葵花籽油倒進平底鍋加熱,放入搓圓的雞肉丸煎煮。染上烤色後,加入照燒醬(醬油、味醂、酒、砂糖各2大匙),讓醬汁裹滿雞肉丸。

*2 金平牛蒡

牛蒡(1條)切成滾刀切,泡水。把芝麻油(1大匙)倒進平底鍋加熱,放入紅辣椒(1/2條)和牛蒡拌炒。加入酒(1大匙)、味醂(1大匙)、醬油(1大匙)、砂糖(2小匙),熬煮收汁。

*3 烤茄子、烤紅椒

茄子切成滾刀塊,紅椒切條。淋上EXV橄欖油,撒上鹽巴、黑胡椒,用180℃的烤箱烤20分鐘。最後淋上義大利香醋。

製作方法

1. 把美乃滋抹在1片麵包上面。放上雞肉丸、金平牛蒡、煎蛋、紅萵苣,再重疊上另1片麵包,用紙包起來。

2. 把涼拌胡蘿蔔、烤茄子和烤紅椒夾在其間。

以家常菜為主的三明治

saint de gourmand

サン ド グルマン

法式鹹派

使用的麵包

坎帕涅麵包

6cm × 30cm

隱約的酸味和柔軟的口感，非常容易食用的「坎帕涅麵包」是向鄰近的烘焙坊「ペニーレインソラマチ店」採購的。使用正中央的切片來製作法式三明治。

以家常菜為主的三明治

法式鹹派
發酵奶油

把添加了洋蔥、培根、菠菜等豐富餡料的料糊，放進平底鍋裡面煎，看起來像是夾上整個法式鹹派似的獨特三明治。拌炒至焦黃色的洋蔥甜味和培根的鮮味，和雞蛋的濃郁完美結合，和柔軟酥脆的坎帕涅麵包也非常契合。

材料

坎帕涅麵包（厚度2cm的切片）……2片
發酵奶油……10g
法式鹹派＊1……1塊

＊1 **法式鹹派**（4個份量）
培根……100g
洋蔥……1個
菠菜……1/3包
A 雞蛋……4個
　牛乳……125ml
　鮮奶油（乳脂肪含量35%）……125ml
奶油……10g

1 把培根切成寬度5mm，用平底鍋拌炒。加入切片洋蔥，炒至焦黃色。

2 把菠菜切成寬度2cm，倒進1裡面快速拌炒。

3 把A混在一起，製作料糊，把2倒入混拌。

4 用直徑18cm的平底鍋加熱奶油，把3的一半份量倒入，加熱表面。

5 用220℃的烤箱烤10分鐘。把煎成圓形的法式鹹派切成2等分。

製作方法

1 分別把發酵奶油塗抹在2片麵包上面。

2 把法式鹹派放在1的1片麵包上面。重疊上另1片麵包，讓抹有發酵奶油的那一面朝下。

saint de gourmand

サン ド グルマン

藍帶

使用的麵包
坎帕涅麵包
6cm × 30cm

以家常菜為主的三明治

「藍帶」是用捶打變薄的肉，把火腿和起司夾在其中的法式炸肉排，然後在上面覆蓋坎帕涅麵包的麵包邊，製作出宛如漢堡般的外觀。100g使用雞胸肉的炸肉排，壓倒性的存在感令人著迷。醬汁僅有少量的芥末和美乃滋，襯托出肉的鮮味。

發酵奶油
藍帶

發酵奶油、法國第戎芥末醬、自製美乃滋

材料
坎帕涅麵包……邊緣部分（厚度6cm）和中央部分（厚度2cm）的切片各1片
發酵奶油……10g
法國第戎芥末醬……5g
自製美乃滋＊1……5g
藍帶＊2……1片

＊1 自製美乃滋
蛋黃……1個
白酒醋……15ml
法國第戎芥末醬……15g
沙拉油……200ml
鹽巴、黑胡椒……各適量
把所有材料混在一起。

＊2 藍帶
雞胸肉（大山雞）……約200g
火腿……1/2片
格律耶爾起司……5g
麵粉……適量
雞蛋……適量
自製麵包粉（參考155頁）……適量
鹽巴……適量

1 雞胸肉剝掉雞皮，捶打至扁平程度。
2 在整體撒上麵粉，把火腿、格律耶爾起司鋪在外側，雞肉從後往前折，把餡料夾在中間。依序沾上雞蛋、自製麵包粉，包裹上麵衣。
3 用165℃的炸油炸4分鐘，將上下翻面，再進一步炸4分鐘。趁熱的時候，撒上鹽巴。

製作方法
1 厚度2cm的麵包切片放下方，厚度6cm的麵包邊部份放上方。在各自的內側面塗抹上發酵奶油。
2 把法國第戎芥末醬、美乃滋擠在下方的麵包，放上藍帶。

Blanc à la maison

ブラン ア ラ メゾン

藍帶、皺葉甘藍、法式多蜜醬汁

使用的麵包

埼玉都幾川町的有機小麥麵包

12cm × 20cm

埼玉・都幾川町的有機栽培小麥，和熊本縣產南之香混合製成。加入米粉的湯種後，採取3小時的自我分解法，讓麵團確實吸水後，再用直捏法下料。製作出鬆軟、輕盈口感。添加熟成鹽麴，同時也能誘出麵粉的鮮味。

以家常菜為主的三明治

皺葉甘藍拌自製蜂蜜油醋醬、法式多蜜醬汁

藍帶

以「輕鬆品嚐西式料理」為主題，把小牛肉製作的法式炸肉排「藍帶」改良成更平易近人的豬肩胛肉。皺葉甘藍用自製蜂蜜油醋醬涼拌，醬汁是市售的法式多蜜醬汁，再加上木槿花的華麗香氣，只要稍微花點巧思，就能製作出正統的美味。

材料

埼玉都幾川町的
　有機小麥麵包……1/2個
藍帶＊1……1個
　（將下列切成1/2）
皺葉甘藍拌自製蜂蜜
　油醋醬＊2……25g
法式多蜜醬汁＊3……10g

＊1 藍帶（2份）

在豬肩胛肉（100g）上面劃出刀痕，撒上鹽巴、黑胡椒。把肉捶打至扁平，在單面放上格律耶爾起司、生火腿、羅勒葉（各適量）。把豬肉折疊起來，夾上餡料，依序沾上麵粉、蛋液、麵包粉（各適量），裹上麵衣後，用加熱沙拉油的平底鍋，把兩面煎炸上色。用190℃的烤箱烤2分鐘，再把溫度調降至160℃，進一步烤1分鐘。

＊2 皺葉甘藍拌自製蜂蜜油醋醬

用自製蜂蜜油醋醬（參考79頁）把切絲的皺葉甘藍拌勻。

＊3 法式多蜜醬汁

把市售的法式多蜜醬汁、奶油、辣醬油、木槿花（乾燥）混合在一起加熱，沸騰後，用小火烹煮5分鐘左右。過濾。

製作方法

1. 把麵包橫切成對半，切開剖面，把藍帶夾進其間。

2. 鋪上皺葉甘藍拌自製蜂蜜油醋醬，淋上法式多蜜醬汁。

水果&甜點三明治

Sandwich & Co.

サンドイッチアンドコー

草莓和發泡鮮奶油

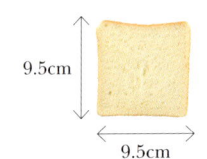

使用的麵包

白吐司（小）

9.5cm × 9.5cm

選擇風味不輸給大量餡料，鬆軟Q彈的吐司。小菜類的餡料採用厚度1.5cm，水果類採用厚度1.2cm。「吐司邊也是美味的要素」，保留吐司邊也是製作的關鍵。

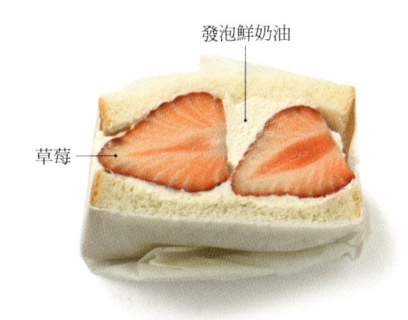

水果＆甜點三明治

發泡鮮奶油

草莓

專注於能夠讓孩子安心食用的簡單美味，餡料僅採用草莓、鮮奶油和蔗糖。夾上大量草莓，讓人能夠感受到滿滿草莓。發泡鮮奶油的乳香，和草莓多汁酸甜的滋味形成有趣對比。

材料（2份）

白吐司（小）……2片
發泡鮮奶油*1……2大匙
草莓……4顆

＊1 發泡鮮奶油

加入對比鮮奶油（乳脂肪含量35%）10%的蔗糖，確實打發起泡。

製作方法

1. 分別把發泡鮮奶油塗抹在2片麵包上面。

2. 草莓2顆使用整顆，2顆切成對半。

3. 把整顆草莓垂直排列在1片麵包的中央，四個角落則擺放切成對半的草莓。

4. 另1片麵包讓塗抹發泡鮮奶油的那一面朝下，重疊在上方。用紙包起來，切成對半。

Sandwich & Co.

サンドイッチアンドコー

香蕉和馬斯卡彭起司

使用的麵包

黑吐司（小）

9.5cm × 9.5cm

使用焦糖，甜中略帶苦味的吐司。為了讓孩子也能夠輕鬆入口，大部分的三明治都有提供「切半」份量。使用比一般尺寸略小的尺寸。

水果&甜點三明治

香蕉、龍舌蘭糖漿　　馬斯卡彭起司

連同清爽、濃郁的馬斯卡彭起司一起品嚐整條香蕉的三明治。黑和黃的顏色對比，在展示櫃裡面顯得格外搶眼。使用香甜的黑吐司。香蕉裹上沒有腥味的龍舌蘭糖漿，製作出更有層次的滋味。

材料（2份）

黑吐司（小）……2片
馬斯卡彭起司……小於2大匙
香蕉……1根
龍舌蘭糖漿……適量

製作方法

1. 分別把馬斯卡彭起司塗抹在2片麵包上面。

2. 香蕉切成對半，裹上龍舌蘭糖漿。

3. 把2放在1的1片麵包上面，另1片麵包讓塗抹馬斯卡彭起司的那一面朝下，重疊在上方。用紙包起來，切成對半。

MORETHAN BAKERY

モアザンベーカリー

VEGAN水果三明治

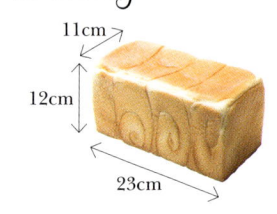

使用的麵包

吐司

主要使用製造出豐潤、柔韌口感的北海道產夢力。使用魯邦種，用湯種製法製作出濕潤、Q彈的口感。薄脆的吐司邊直接保留使用。

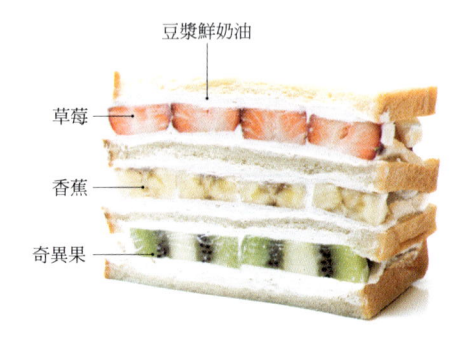

尺寸：11cm × 12cm × 23cm

水果&甜點三明治

豆漿鮮奶油
草莓
香蕉
奇異果

以法式千層酥為概念，把吐司、水果和豆漿鮮奶油重疊成7層的素食三明治。豆漿鮮奶油先用濃郁豆漿製作發泡鮮奶油，然後再用覆盆子利口酒遮蓋大豆的氣味。確實打發的鮮奶油和厚度一致的水果均等重疊，製作出漂亮的剖面。

材料（2份）

吐司（厚度1cm的切片）……4片
奇異果（片）*1……2片
香蕉*1……1/2條
草莓*1……2個
豆漿鮮奶油*2……150g

＊1 奇異果、香蕉、草莓

1 奇異果切掉蒂頭，剝除外皮，縱切成4等分（厚度約1cm）。
2 香蕉和草莓切成厚度1cm的切片。

＊2 豆漿鮮奶油

豆漿發泡鮮奶油……2ℓ
砂糖（洗雙糖）……200g
櫻桃酒……5g

把砂糖倒進豆漿發泡鮮奶油裡面，打成8分發。加入櫻桃酒確實打發。

製作方法

1 把25g的豆漿鮮奶油擠在1片麵包上面。把2片奇異果放在中央，上面再擠上25g的豆漿鮮奶油。

2 把1片麵包放在1的上面，擠上25g的豆漿鮮奶油。在中央排列上一列香蕉，剩餘的香蕉平均配置在左右。在上面擠上25g的豆漿鮮奶油。

3 把1片麵包放在2的上面，擠上25g的豆漿鮮奶油。在中央排列上一列草莓，剩餘的草莓平均配置在左右。在上面擠上25g的豆漿鮮奶油。再重疊上1片麵包。

4 切成2等分，讓奇異果的長邊左右均等。

MORETHAN BAKERY

モアザンベーカリー

VEGAN AB＆J

使用的麵包
坎帕涅麵包

15cm × 35cm

使用2種日本產麵粉，搭配25％北海道產北之香全麥麵粉的坎帕涅麵包，利用自製魯邦酵種長時間發酵。彈牙有嚼勁的口感和恰到好處的酸味、小麥的甜味，不管是鹹味或是甜味的餡料，全都非常契合。

水果＆甜點三明治

蘋果　覆盆子果醬　杏仁奶油

改良美國的經典三明治・花生果醬三明治（PB&J）。在略帶酸味的坎帕涅麵包抹上堅果風味濃郁的自製杏仁奶油和覆盆子果醬，夾上帶皮的蘋果片。也會依季節的不同，提供葡萄柚或桃子的改良版。

材料
坎帕涅麵包（厚度1.5cm的切片）……2片
杏仁奶油（參考148頁）……20g
覆盆子果醬＊1……30g
蘋果＊2……1/2個
純素奶油……適量

＊1 覆盆子果醬
覆盆子……100g
冷凍覆盆子果泥……100g
精白砂糖……100g
把材料放進鍋裡，一邊攪拌，一邊用中火加熱。熬煮至濃稠狀。

＊2 蘋果
去除果核，縱切成1/2。切成厚度5mm的薄片。

製作方法

1. 把杏仁奶油抹在下方的麵包。

2. 切片的蘋果以錯位傾斜的方式重疊擺放。

3. 把覆盆子果醬抹在另1片麵包上面，讓塗抹果醬的那一面朝下，重疊在2的上面。

4. 放進抹有純素奶油的熱壓機烘烤。以垂直方向切成2等分。

CICOUTE BAKERY

チクテベーカリー

有機香蕉和bocchi花生醬和瑞可塔起司的三明治

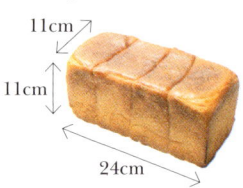

使用的麵包

吐司

以「1片就能填飽肚子的吐司」為目標,搭配2種北海道產高筋麵粉和牛乳、發酵奶油、蔗糖、魯邦液種、葡萄乾液種。透過長時間發酵,製作出柔韌耐嚼的口感。

11cm × 11cm × 24cm

水果&甜點三明治

花生醬(加糖)
瑞可塔起司
香蕉、細蔗糖、肉桂粉

夾上厚切香蕉和加糖花生醬、瑞可塔起司的水果三明治。口感柔韌耐嚼的吐司稍微烤過,讓口感略微酥脆。香蕉用檸檬汁、細蔗糖、肉桂粉醃漬,讓人從香蕉的甜味當中,感受到辛辣的濃郁和酸味。

材料(2份)

吐司(切片)＊1……2片
花生醬(加糖)……25g
瑞可塔起司……40g
香蕉(切片)＊2……7片
細蔗糖……適量
肉桂粉……適量

＊1 吐司
把吐司兩側的邊切掉,切成8片切(1kg)。用噴霧器噴水,用240℃的烤箱烤3～5分鐘,使表面呈現酥脆。

＊2 香蕉
香蕉……適量
檸檬汁……適量
去除香蕉皮,切成厚度3cm的切片,淋上檸檬汁。

製作方法

1. 把花生醬抹在1片麵包上面。

2. 另1片麵包抹上瑞可塔起司。

3. 把3片香蕉放在1的中央,兩側分別放上2片。

4. 在香蕉上面撒上細蔗糖、肉桂粉。

5. 切成2等分,讓人可以看到排列的香蕉剖面。

CICOUTE BAKERY

チクテベーカリー

小顆粒草莓和bocchi花生醬抹醬麵包

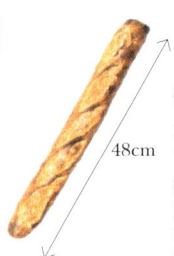

使用的麵包

法國長棍麵包

48cm

把北之香100%的麵粉和石臼研磨麵粉等，4種北海道產麵粉混合在一起。利用魯邦液種和葡萄乾液種，進行低溫長時間發酵，製作成麵包芯鬆軟，麵包皮酥脆的長棍麵包。

水果&甜點三明治

色澤鮮豔、香甜的抹醬麵包。用細蔗糖和肉桂粉、檸檬汁醃漬的草莓，滋味酸甜且多汁。把無糖的花生醬塗抹在長棍麵包上面，最後再覆蓋上加糖的花生醬，再進一步焦糖化，濃郁且甜味恰到好處。

材料

法國長棍麵包*1……1/6條
花生醬（無糖）……18g
小顆粒草莓*2……50g
花生醬（加糖）……5～8g
細蔗糖……適量

*1 **法國長棍麵包**
橫切成3等分，再進一步分成上下2等分。

*2 **小顆粒草莓**
草莓……1kg
細蔗糖……適量
肉桂粉……適量
檸檬汁……45g

1 切除草莓的蒂頭，縱切成對半。
2 把1放進密封容器，加入細蔗糖、肉桂粉混拌。
3 淋上檸檬汁，蓋上蓋子晃動，讓材料充分混合。在冰箱內放置一晚。

製作方法

1 把花生醬（無糖）抹在麵包上面。

2 排列上小顆粒草莓。以畫斜線的方式淋上花生醬（加糖）。

3 用240℃的烤箱烤5～6分鐘。

4 撒上細蔗糖，用瓦斯噴槍炙燒，進行焦糖化。

BEAVER BREAD

ビーバーブレッド

草莓和非烘焙起司

使用的麵包
鹽麵包
8cm × 11cm

用加了牛乳、奶油、雞蛋的微甜牛奶麵包麵團，把有鹽奶油包起來，烤成表皮酥脆的捲麵包。可以把大量的餡料夾進奶油融化所形成的空洞裡面，同時也可以節省塗抹奶油的時間。

水果＆甜點三明治

草莓、覆盆子
開心果碎粒
非烘焙起司奶油醬
覆盆子果醬

用奶油風味豐富的麵包，把濃醇味道的起司鮮奶油和甜度剛剛好的覆盆子果醬夾起來，再妝點上草莓和覆盆子。重點撒上開心果的水果三明治。非烘焙起司奶油醬裡面添加了優格和檸檬汁，製作出符合水果形象的清爽滋味。

材料
鹽麵包……1個
覆盆子果醬*1……20g
非烘焙起司奶油醬*2……40g
草莓*3……3小顆
覆盆子*3……1粒
鏡面果膠……適量
開心果碎粒……適量

＊1 覆盆子果醬
冷凍覆盆子整顆……200g
冷凍草莓果泥……100g
精白砂糖……80g
檸檬汁……30g
把所有材料放進鍋裡，用木鏟攪拌，一邊用中火加熱。熬煮至呈現濃稠狀。

＊2 非烘焙起司奶油醬
奶油起司……100g
無糖優格（瀝乾水分）……50g
蔗糖……50g
檸檬汁……10g
鮮奶油……200g
1 把恢復至常溫的奶油起司和瀝乾水分的無糖優格、蔗糖、檸檬汁確實混拌。
2 把打發成6分發的鮮奶油倒進1裡面混拌。

＊3 草莓、覆盆子
草莓和覆盆子切成1/2。

製作方法
1 從上方切開麵包，底部抹上覆盆子果醬。夾上非烘焙起司奶油醬。

2 把草莓和覆盆子排放在非烘焙起司奶油醬上面。

3 把鏡面果膠塗抹在草莓和覆盆子上面。撒上開心果碎粒。

BEAVER BREAD

ビーバーブレッド

瀨戶香柑和大吉嶺

使用的麵包
鹽麵包
8cm × 11cm

水果＆甜點三明治

用奶油風味豐富的麵包，把多汁且甜味豐富的「瀨戶香柑」和大吉嶺風味的香緹鮮奶油、檸檬果醬夾起來的水果三明治。大吉嶺的甜潤香氣和隱約的澀味、鮮奶油的乳香口感，襯托出瀨戶柑的順滑口感和濃郁滋味。

圖示標註：
- 瀨戶香柑
- 大吉嶺茶葉
- 大吉嶺鮮奶油
- 添加橙皮的檸檬果醬
- 切丁塊的瀨戶香柑

材料
鹽麵包……1個
添加橙皮的檸檬果醬*1……15g
瀨戶香柑*2……1/2個
大吉嶺鮮奶油*3……40g
大吉嶺茶葉……適量

***1 添加橙皮的檸檬果醬**
橙皮……20g
檸檬果醬……20g

1 把橙皮切成細末。
2 把1放進檸檬果醬裡面混拌。

***2 瀨戶香柑**
取下果肉，切成厚度5mm的切片。其中1片切成丁塊狀。

***3 大吉嶺奶油醬**
大吉嶺茶葉……40g
鮮奶油……1kg
精白砂糖……130g

1 把所有材料放進鍋裡，開中火加熱。煮沸後，關火，蓋上鍋蓋，燜蒸5分鐘。
2 把1過濾，放涼。覆蓋保鮮膜，放進冰箱靜置一晚。
3 將使用的份量打發成8分發。

製造方法

1 從上方切開麵包，將添加橙皮的檸檬果醬塗抹在底部。

2 放入3個切成丁塊的瀨戶香柑，擠上大吉嶺鮮奶油。

3 排列上切片的瀨戶香柑。撒上切碎的大吉嶺茶葉。

MORETHAN BAKERY

モアザンベーカリー

提拉米蘇貝果三明治

使用的麵包

巧克力貝果

在北海道產麵粉裡面添加可可粉、魯邦液種，長時間發酵。紮實口感和可可香氣令人印象深刻的獨特貝果。抑制甜味的麵團和奶油起司非常契合。

←11cm→

水果&甜點三明治

可可餡料　　奧利奧餡料

巧克力貝果抹上濃縮咖啡，增添咖啡香氣。夾上大量以奶油起司為基底的餡料，提拉米蘇風味的三明治。餡料夾上可可風味和奧利奧&巧克力碎片2種，避免味道太過單調。視覺上也格外令人印象深刻。

材料（2份）
巧克力貝果……1個
濃縮咖啡……5g
可可餡料*1……130g
奧利奧餡料*2……130g

***1 可可餡料**
奶油起司基底*3……220g
精白砂糖……36g
可可粉……2g
把精白砂糖、可可粉放進奶油起司基底裡面混拌。

***2 奧利奧餡料**
奶油起司基底*3……200g
奧利奧……4片
有機巧克力脆片……20g

1 把用手稍微搯碎的奧利奧放進奶油起司基底裡面。
2 加入有機巧克力碎片混拌。

***3 鮮奶油起司基底**
奶油起司……100g
牛乳……13g
把牛乳倒進恢復至常溫的奶油起司裡面混拌。

製作方法

1 從側面切開麵包，切成上下均等。用刷子把濃縮咖啡塗抹在下方麵包的剖面。

2 把可可餡料鋪在1的半邊，另半邊則鋪上奧利奧餡料。把麵包的上半部分重疊在上方。

3 把餡料的側面抹平，在2種餡料的中央切成2等分。

グルペット
石板街巧克力甜瓜

使用的麵包
巧克力波羅麵包

11cm

使用把奶油折成3折,折10次,以製作出輕盈口感的布里歐麵包麵團。搭配「石板街」,重疊上添加了黑可可粉和椰子細粉的餅乾麵團烘烤。

靈感來自國外食譜上,用巧克力把棉花糖和堅果凝固製成的「石板街」(Rocky Road)。希望展現出石板街的剖面,所以將其切成3cm的方塊夾起來。搭配和巧克力十分對味的香蕉,再妝點上開心果和覆盆子果醬。

圖示標註:
- 覆盆子果醬
- 熟可可粒、開心果
- 石板街
- 香蕉
- 巧克力牛奶醬

材料
巧克力波羅麵包……1個
巧克力牛奶醬*1……20g
香蕉……20g
石板街(3cm方塊)*2
　……3個(54g)
覆盆子醬……10g
熟可可粒……少量
開心果……少量

*1 巧克力牛奶醬
奶油……450g
煉乳……400g
鮮奶油(乳脂肪含量35%)
　……50g
調溫巧克力(可可含量65%)
　……450g

把煉乳、鮮奶油放進奶油裡面混拌(A)。以1:2的比例混拌,冷卻。

*2 石板街
調溫巧克力(可可含量40%)
　……700g
A 棉花糖……140g
　覆盆子(顆粒)……70g
　小紅莓乾……70g
　開心果(碎粒)……70g
　杏仁(整顆)……70g
　夏威夷豆(整顆)……70g
　核桃(整顆)……70g

融化調溫巧克力,趁熱的時候加入A混拌。倒進調理盤,冷卻凝固。切成3cm方塊。

製作方法

1. 從側面切開麵包,把巧克力牛奶醬裝進擠花袋,擠在下方的切面。排列上3個斜切成寬度1.5cm的香蕉,同時放上3個3cm方塊的石板街。

2. 把覆盆子醬淋在1個石板街上面,撒上熟可可粒和開心果。

水果&甜點三明治

Chapeau de paille

シャポードパイユ

自製榛果可可醬、鮮奶油、草莓

使用的麵包
杏仁可頌

14cm

以用來製作三明治為前提，鬆軟酥脆的可頌。使用香氣豐富的發酵奶油，麵粉是風味與窯爐伸展良好的北海道產麵粉與味道濃厚的法國產麵粉，以相同比例混合。

水果&甜點三明治

發泡鮮奶油
草莓
自製榛果可可醬

自製添加義大利可可的榛果抹醬「榛果可可醬」，搭配季節水果的甜點三明治。榛果可可醬裡面的榛果呈現顆粒狀，保留些許顆粒程度，就能充分感受到香氣和口感。充滿乳香感的發泡鮮奶油襯托出堅果的風味與草莓的甜味。

材料
杏仁可頌……1個
自製榛果可可醬*1……20g
發泡鮮奶油*2……15g
草莓……25g

*1 自製榛果可可醬
榛果……1kg
糖粉……480g
可可粉……165g
鹽巴……5g
白巧克力……60g

1 用160℃的烤箱烤榛果10分鐘，用食品調理機攪碎。
2 加入糖粉、可可粉、鹽巴、白巧克力，再進一步攪拌。

*2 發泡鮮奶油
把10％的砂糖倒進鮮奶油（含脂肪量35％）裡面，確實打發。

製作方法
1 從側面切開麵包，把自製榛果可可醬抹在下方的切面。
2 擠上發泡鮮奶油，排列上草莓。

33（サンジュウサン）

罪惡的三明治

使用的麵包

南瓜麵包

7cm

使用北海道產中高筋麵粉，搭配蛋黃、奶油、南瓜醬。把布里歐麵團般的高糖油麵團分割成70g，烘烤出鬆軟、柔韌的口感。和濃郁酸甜滋味的鮮奶油非常契合。

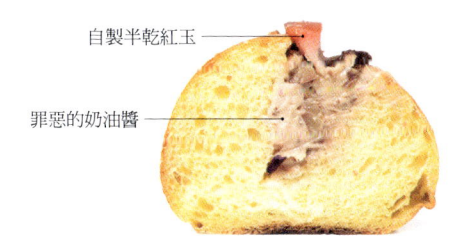

自製半乾紅玉
罪惡的奶油醬

奶油起司混入義大利香醋煮草莓、甘露煮澀皮栗和甜煮丹波黑豆。帶皮紅玉蘋果用味醂和白酒增添風味，進一步製作成自製半乾蘋果，用小麵包夾起來。草莓用食品乾燥機製作半乾，用紅酒和義大利香醋烹煮出軟糖般的口感。

材料
南瓜麵包……1個
罪惡的奶油醬＊1……35g
自製半乾紅玉＊2……2片

＊1 **罪惡的鮮奶油**
奶油起司……1kg
甘露煮澀皮栗……300g
甜煮丹波黑豆……300g
義大利香醋煮草莓＊3
　　……400g
把其他材料放進在室溫下軟化的奶油起司裡面混拌。

＊2 **自製半乾紅玉**
紅玉蘋果……適量
精白砂糖……蘋果的30%
味醂……精白砂糖的70%
白酒……適量
1 紅玉蘋果去除果核，在帶皮狀態下切成1/4。
2 把精白砂糖放進銅鍋，用中火融解。加入味醂、蘋果。
3 倒入白酒，直到淹過蘋果，烹煮15分鐘。關火，放置一晚。
4 把水瀝乾，用60℃的食品乾燥機乾燥10小時。
5 切成厚度4mm的切片。

＊3 **義大利香醋煮草莓**
草莓……1kg
精白砂糖……250g
紅酒……250g
義大利杏醋……250g
1 去除蒂頭的草莓，用60℃的食品乾燥機乾燥10小時。
2 把1和其他材料放進鍋裡，熬煮至濃稠程度。

製作方法
1 把麵包切開，抹上罪惡的奶油醬。
2 上自製半乾紅玉。

水果＆甜點三明治

BAKERY HANABI

ごちそうパン ベーカリー花火

水果牡丹餅三明治

使用的麵包
軟式法國麵包

17cm

以牡丹餅為形象,搭配麵團對比20％由紅米、黑米等混合而成的五色米。享受顆粒口感。加入煉乳和乳瑪琳,製作出甜味和濃郁、酥脆口感。

水果&甜點三明治

草莓
卡芒貝爾乳酪
紅豆餡
馬斯卡彭起司

把馬斯卡彭起司和紅豆餡,夾進以牡丹餅為形象,添加了五色米的麵包裡面,交錯排列草莓和卡芒貝爾乳酪,視覺上也非常獨特的日式甜點三明治。紅豆餡的甜味和馬斯卡彭起司的濃郁、卡芒貝爾乳酪的鹹味、草莓的酸味,合奏出絕妙的協奏曲。

材料
軟式法國麵包……1個
馬斯卡彭起司……10g
紅豆餡……80g
卡芒貝爾乳酪
　……1/4個(25g)
草莓……1.5粒

製作方法
1 從上方切開麵包,把馬斯卡彭起司塗抹在兩側的切面。

2 夾入紅豆餡,把卡芒貝爾乳酪和切半的草莓交錯排列。

BEAVER BREAD

ビーバーブレッド

紅豆奶油

使用的麵包
牛奶法國麵包

6cm × 11cm

以日本傳統的法國麵包為形象，添加牛乳，製作成硬度比法國長棍麵包更柔軟、輕盈的小麵包。酥脆的麵包皮、爽口的麵包芯，和各種不同的食材都十分契合。

水果＆甜點三明治

發酵奶油
紅豆餡

裡面濕潤，外面酥脆、芳香，添加牛乳的軟式法國麵包，夾上甜度適中的紅豆餡和A.O.P.認證的法國產發酵奶油。麵包的下方放進大量柔滑口感的紅豆餡。切成棒狀的奶油則放在其上方，享受奶油的口感和入口即化的乳香。

材料
牛奶法國麵包……1個
紅豆餡……40g
發酵奶油（ÉCHIRÉ）*1
　……20g

*1 發酵奶油
切成厚度5mm、寬2cm×長6cm的棒狀。

製作方法
1. 從側面切開麵包。
2. 把紅豆餡均勻塗抹在下方的切面。
3. 把2條發酵奶油，縱長排列在中央。

189

ごちそうパン ベーカリー花火

法式水果三明治

為了讓顧客在炎熱的夏天也能吃到清爽美味，而開發出冷藏販售的甜點三明治。吐司厚切之後，在料糊裡面浸泡一晚，讓味道確實滲入。發泡鮮奶油和色彩鮮艷的水果，再加上自製焦糖醬的微苦，為視覺和味覺帶來亮點。

葡萄
發泡鮮奶油
焦糖醬
卡士達奶油醬
草莓

BAKERY HANABI

使用的麵包
吐司
用湯種製作,具有嚼勁的吐司。以生吐司為形象,分別添加麵粉對比10%、20%的奶油和鮮奶油。

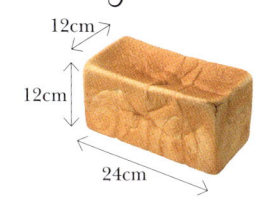

12cm × 12cm × 24cm

材料
- 吐司(4片切)……1/2片
- 料糊*1……適量
- 卡士達奶油醬*2……30g
- 發泡鮮奶油*3……30g
- 草莓、葡萄……各2顆
- 焦糖醬*4……少量

*1 料糊
把雞蛋(10個)、牛乳(1ℓ)、精白砂糖(50g)、香草精(少量)混合在一起。

*2 卡士達奶油醬
把牛乳(900g)、鮮奶油(100g)放進鍋裡加熱,加熱至快要沸騰的程度。把蛋黃(240g)、精白砂糖(200g)、香草精(5g)倒進調理盆,持續攪拌至泛白程度,加入低筋麵粉(80g)。加入溫熱的牛乳和鮮奶油混拌,一邊過濾到鍋裡。一邊混拌加熱,產生稠度後,加入奶油(50g)混拌。

*3 發泡鮮奶油
把鮮奶油(乳脂肪含量42%,1ℓ)和精白砂糖混合在一起打發,加入馬斯卡彭起司(500g)混拌。

*4 焦糖醬
精白砂糖(1.2kg)加熱,製作成焦糖,加入鮮奶油(乳脂肪含量42%,1ℓ),製作成焦糖醬。

製作方法
1. 把切成對半的麵包剖面切開,放進料糊裡面浸泡一晚。
2. 用160℃的烤箱烤15分鐘。
3. 夾入卡士達奶油醬和發泡鮮奶油。
4. 裝飾上切片的草莓、葡萄,淋上焦糖醬。

水果&甜點三明治

saint de gourmand

サンド グルマン

自製冰淇淋三明治

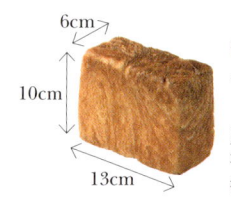

使用的麵包
可頌磚
6cm × 10cm × 13cm

用吐司模型烘烤的「可頌磚」，有著發酵奶油的豐富風味，加熱後，口感輕盈酥脆，奶油風味也會變得更濃郁。

水果＆甜點三明治

楓糖漿
香草冰淇淋

甜點風味的三明治。用帶有發酵奶油香氣的可頌吐司，奢華地夾上富含香草氣味的自製冰淇淋。楓糖漿的濃縮甜味和可頌的鹹味，讓香草冰淇淋的濃醇味道變得更加鮮明。

材料
可頌磚（厚度1cm的切片）……2片
香草冰淇淋*1……60g
楓糖漿*2……適量

***1 香草冰淇淋**
蛋黃……10個
精白砂糖……160g
牛乳……1ℓ
鮮奶油（乳脂肪含量35％）……250ml
香草豆莢……1/2支

1 把80g精白砂糖分2次倒進蛋黃裡面，進行烹煮。
2 把牛乳和鮮奶油混在一起，加入香草豆莢1/2支，加熱至快要沸騰的程度。少量分次倒進1裡面混拌。
3 把2倒回鍋裡，用小火加熱至83℃，過濾。在冰箱內放置一晚，隔天放進冰淇淋機裡面，製作成冰淇淋。

***2 楓糖漿**
把楓糖漿（Light）的份量熬煮至2/3。

製作方法
1 把2片麵包烤至焦黃色。
2 把香草冰淇淋弄成紡錘狀，放3個在1的1片麵包上面。
3 淋上楓糖漿。

Chapeau de paille

シャポードパイユ

藍紋起司和蜂蜜、核桃

使用的麵包

法國長棍麵包

25cm

在麵團裡面添加芝麻油，藉此增加香酥氣味，製作成更加酥脆的長棍麵包。低溫長時間發酵，讓麵包芯充滿柔韌口感。烤出薄脆的麵包皮。商品照片是切半尺寸（12.5cm）。

水果&甜點三明治

核桃、蜂蜜
藍紋起司
蜂蜜奶油

主廚在法國工作時，令自己非常印象深刻的三明治。為了讓顧客更容易入口，藍紋起司選擇味道比較醇和的種類。蜂蜜和奶油用手持攪拌器攪拌成柔滑狀，核桃仔細烤至連中央都呈現焦黃的酥脆程度。

材料（2份）

法國長棍麵包……1條
蜂蜜奶油*1……13g
藍紋起司……35g
核桃*2……20g
蜂蜜……10g

*1 蜂蜜奶油
以1：1的比例，把蜂蜜和奶油混在一起。

*2 核桃
用160℃的烤箱烤10分鐘。

製作方法

1. 從側面切開麵包，在兩側的切面抹上蜂蜜奶油。

2. 放上厚度切成5mm的藍紋起司。

3. 放上核桃，上面淋上蜂蜜。切成1/2。

ベーカリー チックタック

糖漬蘋果、紅酒煮無花果、古岡左拉起司和香草沙拉的佛卡夏三明治

宛如輕食料理，適合搭配紅酒的三明治。因為希望把它當成佐酒小吃享用，所以選擇搭配帶有鹹味香氣的佛卡夏。為了製作出更有層次的美味，隨機撒上古岡左拉起司。和果實十分契合的香草則用沙拉醬拌勻，製成沙拉風味。

雪莉醋沙拉醬拌蒔蘿、茴香芹
古岡左拉起司
紅酒煮無花果
糖漬蘋果
酸奶油

Bakery Tick Tack

使用的麵包
佛卡夏

搭配北海道產麵粉，春之戀的麵團，充滿鬆軟且濃郁的風味。撒上由迷迭香、鼠尾草和馬鬱蘭混合而成的自製普羅旺斯香草以及鹽之花，烘烤成香氣濃郁的麵包。

19cm / 7cm / 25cm

材料
佛卡夏……65g
酸奶油……5g
糖漬蘋果＊1……28g
紅酒煮無花果＊2……10g
古岡左拉起司……3g
蒔蘿、茴香芹……共計1g
雪莉醋沙拉醬（參考33頁）
　　……0.5g

＊1 糖漬蘋果
把削掉果皮的蘋果切成對半，挖掉果核。用1：1的比例，把水和砂糖熬煮成糖漿，直接把蘋果放進糖漿裡面浸漬，放涼。切成厚度約5mm的切片，撒上肉桂粉。

＊2 紅酒煮無花果
把去除蒂頭的無花果乾（2kg）、紅酒（1.5kg）、肉桂棒（1/2條）、八角（4個）、月桂葉（2片）放進鍋裡，開火加熱。沸騰後，改成熄火，加入白砂糖（500g），放上落蓋，烹煮30分鐘。

製作方法

1. 把大尺寸的麵包切成10×3.5cm、高度7cm，從上方切開橫放。把酸奶油塗抹在下方的切面。

2. 夾入糖漬蘋果、紅酒煮無花果。撒上古岡左拉起司。

3. 用雪莉醋沙拉醬涼拌蒔蘿和茴香芹，夾進2裡面。

水果&甜點三明治

採訪店一覽

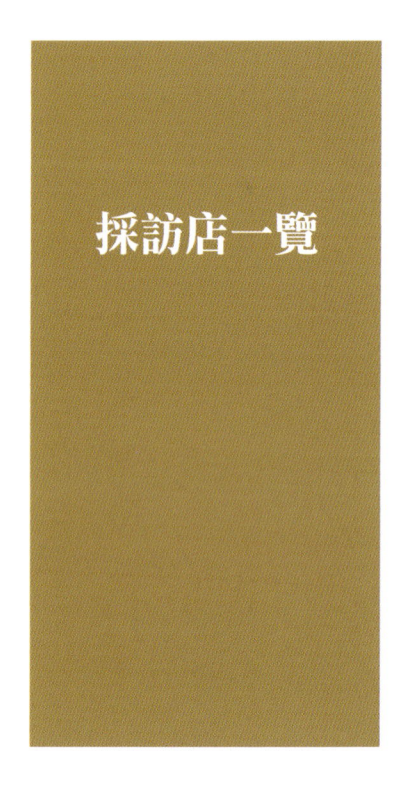

Craft Sandwich
クラフト サンドウィッチ

在長棍麵包裡面夾上大量餡料的三明治十分受歡迎。菜單以烤雞、生火腿、魚、蔬菜4種為基礎，同時還有期間限定三明治、沙拉、濃湯等套餐。店長Jordan Corley是法國人，以普羅旺斯雜燴等祖母的食譜為基礎，將周遊世界各國所邂逅的料理完美融入三明治之中。烤牛肉和醬汁也都是純手工製作。

愛知県名古屋市千種区今池5-21-6 1F
tel 070-1612-1208
10點～15點（售完打烊）
星期日休
Instagram@craftsandwich

gruppetto
グルペット

平日來客量約250人，周末約350人的名店。以「每次造訪都有新商品的店」為目標，根據季節食材不斷構思出全新的菜色。常備的15種三明治也是每天更換。店長古澤新吾表示，「目標就是令人印象深刻且充滿獨創、色彩鮮艷，餡料存在感鮮明的三明治」。美乃滋等醬料索性不要均勻塗抹，或者隨機配置重點食材等，藉此創造出層次高低的味道特色。

大阪府池田市畑3-9-11
tel 072-737-6910
9點～17點（售完打烊）
星期一、二、五休
Instagram@gruppetto_bakery

BAKERY HANABI
ごちそうパン ベーカリー花火

在東京・錦糸町經營居酒屋的神作秀幸所開設的麵包店。以日本人所熟悉的麵包為主體，運用料理人的經驗，開發出眾多極具巧思，令人驚嘆的麵包。每一種三明治都使用了大量的蔬菜，同時也十分重視視覺的感受與份量感。僅在周末販售的「美味麵包」系列，直接把輕食料理製作成麵包的獨特三明治，也非常受歡迎。

東京都墨田区亀沢4-8-5
tel 03-6284-1825
8點～19點
星期二休
bakeryhanabi.com

THE ROOTS neighborhood bakery
ザ・ルーツ・ネイバーフッド・ベーカリー

店長三浦寛史以「適合搭配酒或餐飲的麵包」為主題，專注於量販的坎帕涅麵包等硬式麵包，同時也積極推動鄰近餐廳的批發銷售。店內銷售的10多種宛如餐廳盤餐般的三明治，也非常受人喜愛。同時也會不定期挑戰，向咖哩專賣店等店家採購餡料的聯名三明治，藉此透過三明治實現「透過麵包溝通」的理念之一。

福岡県福岡市中央区薬院4-18-7
tel 092-526-0150
9點～19點
星期一休
Instagram@therootsbakery

San ju san
33（サンジュウサン）

2020年，在神奈川・綾瀨開設「和ブレッドショップ」，台灣出身的店長，網代美玲，在2022年將「33」搬遷到東京・八幡山。位於甲州街道旁的店鋪約18坪。6坪的賣場內，陳列著以乾果為主的手作素材和數種自製酵母製作的30～40種麵包。「抹茶鮮奶油×自製半乾紅玉」等，獨特的餡料搭配也大受好評，總是引來長長的排隊人潮。

東京都世田谷区上北沢4-34-12
tel 090-6499-0033
10點～售完為止
星期日、一、三不定期休
Instagram@sanjusan1119

Sandwich & Co
サンドイッチアンドコー

非常喜歡三明治，每天都會把自己製作的三明治投稿到SNS的鈴木沙織，和家人們一起開設的店。店內陳列的三明治，長備品約10種。使用「也能讓自己的孩子安心食用」的安心食材和手工製調味料，為了達到營養均衡，每個三明治都有滿滿的碳水化合物、蛋白質、蔬菜和雞蛋。丈夫幸太製作，份量感十足的帕尼尼也十分受歡迎。

東京都世田谷区弦巻5-6-16-103
tel 無
10點～17點（售完打烊）
星期四、五休
Instagram@sandwichandco_setagaya

saint de gourmand
サンド グルマン

在都內的法國餐廳累積料理人經驗的店長星阿騎野，在當地淺草附近的押上開業。基於「希望讓顧客輕鬆享受法式料理」的想法，而提出把肉凍或藍帶之類的法國家常菜，夾進硬式麵包裡面的「法式三明治」概念。菜單有長棍麵包三明治和坎帕涅三明治等11種。店內有10個座位。可以享受現做現吃的美味。

東京都墨田区業平2-19-10 ヴィラ業平101
tel 03-5809-7482
11點～17點（內用16點30分L.O.，售完打烊）
星期三休（如逢假日，當日營業，隔星期四休）
Instagram@saint_de_gourmand

Chapeau de paille
シャポードパイユ 本店

甜點師培訓時期，店長神岡修在法國吃到火腿起司三明治而深受感動，因而決定開設能夠品嚐到正統美味的三明治專賣店。在都內歷經三明治的餐車販售後，開設「シャポードパイユ」。三明治的種類大約有15種，每一種都是以不影響長棍麵包和奶油的美味為一大前提。餡料也是以「飄散法國香氣」為主題，簡單搭配火腿或起司等食材。

千葉県千葉市稲毛区緑町1-21-3
片山第一ビル1F
tel 043-356-4959
6點~17點（售完打烊）星期一休
chapeau-de-paille.jp

& TAKANO PAIN
タカノパン

以「日常中的非日常」為概念，開設於東京・蓮根的住宅區。在約4.5坪的賣場內，陳列著店長高野隆一烤的吐司、甜點麵包和日常菜麵包60～70種之多，同時還有妻子繪理製作的7～8種三明治。分別採用湯種製法、低溫長時間製法、添加五穀等製作方法，4種類型的吐司全都是經常銷售一空的人氣商品。顧客以鄰近的家庭為主，同時還有許多配合當地需求、份量感十足的麵包。

東京都板橋区蓮根2-30-8
tel 080-3513-4529
11點30分～20點（售完打烊）
星期一、二休、星期日不定期休
Instagram@takanopain

CICOUTE BAKERY
チクテベーカリー

2001年在東京・町田開業，於2013年遷移至東京・南大澤。店長北村千里表示，「我們使用可以展現出創作者樣貌的食材，希望能夠提供簡單又美味的麵包」，從開業初期便使用日本國產麵粉和自家培養的發酵種。同時也積極運用完整小麥所製作的自製麵粉。約12坪的賣場內，陳列有50～60種麵包。前來購買悉心烘烤的吐司和含有大量餡料的三明治的顧客，總是在開店之前就大排長龍。

東京都八王子市南大沢3-9-5
tel 042-675-3585
11點30分～16點30分
星期一、二休
cicoute-bakery.com

Pain KARATO Boulangerie Cafe
パンカラト ブーランジェリーカフェ

排除99.9%的奶油和鮮奶油，主推「蔬菜美食」的法式餐廳「リュミエール」所開設的麵包咖啡館。因此，店內有許多採納了法式料理要素的三明治。從吃進嘴裡的第一印象，到麵包和餡料咀嚼時的口感，最後是吞嚥後的餘韻，主廚唐渡泰和店舖負責人渡邊一憲就像這樣，分3個階段去構思三明治的新口味，然後不斷地反覆試作，最終實現商品化。

大阪府大阪市中央区北浜1-9-5
ザロイヤルパークキャンバス大阪北浜1F
tel 06-6575-7540
8點～20點　無休
pain-karato.com

pain stock
パンストック 天神店

2010年在福岡・箱崎開業，現在的知名度已經達到全國頂尖的「パンストック」。天神店是與福岡・久留米的人氣烘焙坊「コーヒーカウンティ」聯名合作的2號店。位於鬧區附近的公園內，大多以上班族及觀光客為主，對於早餐三明治盤餐等能夠在現場品嘗的商品也不遺餘力。除了主廚平山哲生之外，工作人員也開發了不少三明治。

福岡県福岡市中央区西中洲6-17
tel 092-406-5178
8點～19點
星期一、第1-3個星期二休
Instagram@pain_stock_tenjin

BEAVER BREAD
ビーバーブレッド

曾經在老字號的法國餐廳擔任麵包主廚的割田健一，以「紮根地方的麵包店」為目標，在東京・東日本橋開業。在約3坪的賣場裡，利用經典餡料和技巧，表現出獨創性的甜點麵包、與知名餐廳的主廚聯名合作的家常菜麵包，以及國產麥粉製作的硬式麵包等，豐富多變的商品多達100種以上。客層除了當地的顧客之外，還有許多來自遠方的顧客，一整天都是滿滿的排隊人潮。

東京都中央区東日本橋3-4-3
tel 03-6661-7145
8點～19點、星期六、日、假日8點～18點
星期一、二休
Instagram@beaver.bread

Blanc à la maison
ブラン ア ラ メゾン

把東京・虎之門的法國餐廳「ブラン」搬遷並重新裝潢，在埼玉・大宮開業。麵包坊「ブラン ア ラ メゾン」和法國餐廳「ブラン」、甜點店「マサユキナカムラ　バイブラン」三間店鋪相連在一起。三明治採用的基本型態是，由主廚大谷陽平構思餡料，再由麵包師傅和田尚悟製作搭配餡料的麵包。享受用季節食材製作的正統料理，和香氣豐富、充滿個性的麵包組合。

埼玉県さいたま市中央区上落合8-3-26
tel 048-708-0455
8點～18點
星期一休、星期二不定期休
instagram@blanc_a_la_maison

Bakehouse Yellowknife
ベイクハウス イエローナイフ

在餐廳和咖啡廳累積經驗的山邊純彌，投入雙親經營的烘焙坊「イエローナイフ」，成為店長。基於「一份三明治就能填飽肚子」的理念，每一款三明治都搭配了滿滿的餡料。餡料由母親幸惠負責。除了金平牛蒡、煎蛋等令人熟悉的日式家常菜，還有泰國的「泰式烤雞」和義大利的「義式番茄肉丸」等異國料理，讓常客百吃不膩。

埼玉県さいたま市浦和区仲町3-3-11
tel 048-716-6403
6點～15點（售完打烊）
星期一、二休
yellowknife.hippy.jp

Bakery Tick Tack
ベーカリー チックタック

興石紘一在「レストランキノシタ」（東京・參宮橋）學習料理，在「ブーランジェリー セイジアサクラ」（東京・高輪台）學習麵包，最後在和歌山開業。11種三明治的菜葉蔬菜採用比較能夠長時間維持新鮮度的羽衣甘藍，格外重視「美味的持續性」。構思主要素材和醬汁的組合時，重視『酸味』，並靈活運用酸奶油。

和歌山県和歌山市園部637-1
ロイヤルハイツ吉田 1F
tel 073-488-2954
9點～18點 星期一休
ticktack.theshop.jp

MORETHAN BAKERY
モアザンベーカリー

位於東京・西新宿飯店「ザ・ノット東京新宿」的一樓。約18坪的賣場內，陳列了以吐司為首，貝果、甜甜圈等美式類型的商品，以及由自製餡料製成，份量十足的三明治等，約50種商品。另外，僅採用素食的「週日素食麵包」，每星期日熱賣。蔬菜咖哩麵包和不使用絞肉的可樂餅漢堡等，全都非常受歡迎。

東京都新宿区西新宿4-31-1 1F
tel 03-6276-7635
8點～18點　無休
mothersgroup.jp/en/shop/morethan_bakery.html

店鋪類別索引

此索引可用來查找本書所刊載的三明治

店鋪類別索引

＊此索引可用來查找本書所刊載的三明治。

Craft Sandwich
クラフト サンドウィッチ

烤雞和日本圓茄＆艾曼達乳酪……029
烤牛肉＆舞茸……048
石榴醬煮雞肝＆松子……072
火腿、煎櫛瓜＆
布瑞達起司＆開心果莎莎……086
生火腿和烤葡萄＆瑞可塔起司……087
鮭魚醬……120
烤蔬菜和菲達起司＆卡拉馬塔黑橄欖……149
普羅旺斯雜燴和培根＆
剛堤起司的法式三明治……156

gruppetto
グルペット

自製烤豬與八朔、
茼蒿、核桃棒三明治……050
豬肉蛋堡……056
台灣漢堡……059
章魚和鮮豔蔬菜×二郎OSABORI醬的
塔丁……117
菲達起司可頌三明治……151
羊肉燒賣的越式法國麵包……162
番茄燉黑毛和牛
牛大腸的寬麵條……163
石板街巧克力甜瓜……185

BAKERY HANABI
ごちそうパン ベーカリー花火

合鴨與深谷蔥抹醬三明治
佐照燒紅酒醬……064
干貝與煙燻鮭魚的
可頌三明治……121
大量鯷仔魚與櫛瓜的
辣椒開放式三明治……126
巨型磨菇和牡蠣的
白醬開放式三明治……127
美味三色三明治……168
牛蒡肉捲長條麵包三明治……169
水果牡丹餅……188
法式水果三明治……190

THE ROOTS neighborhood bakery
ザ・ルーツ・ネイバーフッド・ベーカリー

自製煙燻雞肉和酪梨
佐凱撒醬……022
牙買加煙燻烤雞三明治……038
酸黃瓜與鹽豬三明治……054
滷肉麵包……060
自製培根和菠菜的義大利煎蛋
佐普羅旺斯橄欖醬……094
鮮蝦越式法國麵包……114
蒜蓉蝦……115
季節蔬菜和鮪魚的義式溫沙拉……132
蘋果和鯖魚魚漿的法式三明治……158

San ju san
33（サンジュウサン）

雞肉＆花生椰奶醬……034
烤牛肉＆柳橙……049
阿爾薩斯酸菜＆鹽漬栗飼豬……055
鴨＆義大利香醋草莓醬……065
自製栗飼豬培根＆青蘋果＆萊姆……096
香煎昆布醃鯖魚……108
牡蠣＆毛豆醬＆羅勒……128
罪惡的三明治……187

Sandwich & Co
サンドイッチアンドコー

鹽檸檬雞和酪梨三明治……020
鹽檸檬雞和雞蛋三明治 半份……021
BTM三明治……051
烤豬與舞茸香草……052
叉燒與油蔥水煮蛋三明治……053
ARTIGIANO……085
草莓和發泡鮮奶油……176
香蕉和馬斯卡彭起司……177

saint de gourmand
サンド グルマン

法式熟肉醬……74
抹醬三明治……84
法式三明治……160
法式鹹派……172
藍帶……173
自製冰淇淋三明治……192

Chapeau de paille
シャポードパイユ

合鴨與無花果紅酒醬……062
布利乳酪和自製火腿……082
自製火腿和剛堤起司……083
Chapeau de paille風格的鯖魚三明治……104
鮮蝦、酪梨佐雞蛋粉紅醬……110
鮪魚、雞蛋、小黃瓜的三明治……133
自製榛果可可醬、鮮奶油、草莓……186
藍紋起司和蜂蜜、核桃……193

& TAKANO PAIN
タカノパン

生火腿雞蛋香醋三明治……015
假日辣雞肉三明治……023
羅勒雞肉＆涼拌胡蘿蔔絲……026
越式法國麵包……069
米蘭假期三明治……090
燻牛肉坎帕涅三明治……091
鮮蝦芫荽三明治……112
茄子鮪魚三明治……131

CICOUTE BAKERY
チクテベーカリー

菜花、豆腐雞肉和磨菇的三明治……024
肝醬三明治……070
舞茸和鷹嘴豆泥的湘南洛代夫三明治……138
雙色櫛瓜和莫札瑞拉起司的洛斯提克三明治……144
醃漬菇菇三明治……146
小黃瓜和白乳酪的三明治……147
有機香蕉和bocchi花生醬和瑞可塔起司的三明治……180
小顆粒草莓和bocchi花生醬抹醬麵包……181

Pain KARATO Boulangerie Cafe
パンカラト ブーランジェリーカフェ

整顆雞蛋！爆漿可頌……016
大山火腿雞蛋三明治 紅酒醋風味……017
自製唐多里烤雞佛卡夏三明治……045
用自製肉醬、調味火腿蔬菜製成的『長棍三明治』……088
柳橙鯖魚三明治……107
米蘭扇貝排與蔬菜的熱壓三明治……122
大地盛開的花……124
菠菜和炒金平三明治 芥末香……170

pain stock
パンストック

厚煎蛋……014
涼拌高麗菜絲……028
照燒雞肉……030
羯茶雞……040
首爾……042
牙買加……044
西班牙三明治……092
厚切培根ン……093

BEAVER BREAD
ビーバーブレッド

雞蛋三明治……013
煙燻鮭魚和酪梨……118
鮪魚拉可雷特起司……134
台式炒麵麵包……164
倉州牛可樂餅三明治……165
草莓和非烘焙起司……182
瀨戶香柑和大吉嶺……183
紅豆奶油……189

Blanc à la maison
ブラン ア ラ メゾン

雞油菇、韭菜和半熟蛋……012
羊肉串佐平葉洋香菜
與比利時武士醬……067
法式鵝肝醬糜和賓櫻桃……078
法國血腸和白桃……080
富山產鰤魚的麥香魚佐酪梨、
小黃瓜和蟹肉的塔塔醬……098
照燒鯖魚佐古岡左拉起司醬……106
麻婆牡蠣……130
藍帶、皺葉甘藍、法式多蜜醬汁……174

Bakehouse Yellowknife
ベイクハウス イエローナイフ

泰式烤雞三明治……036
古巴三明治……058
辣魚三明治……102
鮮蝦美乃滋三明治……116
素食三明治……141
油炸鷹嘴豆餅三明治……142
肉丸三明治……167
雞肉丸和炒金平三明治……171

Bakery Tick Tack
ベーカリー チックタック

紀州厚煎蛋培根佛卡夏三明治……018
照燒雞肉和雞蛋沙拉三明治……032
瞬間燻製鴨肉與柑橘三明治……066
金山寺味噌與塔塔魚三明治……100
Tic.Tac三明治
（季節蔬菜和煙燻培根三明治）……150
法式三明治……160
塔塔炸蝦的焗烤熱狗……161
糖漬蘋果、紅酒煮無花果、
古岡左拉起司和香草沙拉的
佛卡夏三明治……194

MORETHAN BAKERY
モアザンベーカリー

法式熟肉醬和烤蔬菜……076
鷹嘴豆泥貝果三明治……136
酪梨起司三明治……140
VEGAN烤蔬菜三明治……148
VEGAN可樂餅漢堡……166
VEGAN水果三明治……178
VEGAN AB＆J……179
提拉米蘇貝果三明治……184

TITLE

不設限・三明治

STAFF

出版	瑞昇文化事業股份有限公司
編著	柴田書店
譯者	羅淑慧
創辦人 / 董事長	駱東墻
CEO / 行銷	陳冠偉
總編輯	郭湘齡
文字編輯	張聿雯　徐承義
美術編輯	朱哲宏
國際版權	駱念德　張聿雯
排版	二次方數位設計　翁慧玲
製版	明宏彩色照相製版股份有限公司
印刷	龍岡數位文化股份有限公司
法律顧問	立勤國際法律事務所　黃沛聲律師
戶名	瑞昇文化事業股份有限公司
劃撥帳號	19598343
地址	新北市中和區景平路464巷2弄1-4號
電話	(02)2945-3191
傳真	(02)2945-3190
網址	www.rising-books.com.tw
Mail	deepblue@rising-books.com.tw
港澳總經銷	泛華發行代理有限公司
初版日期	2025年3月
定價	NT$550 / HK$172

ORIGINAL EDITION STAFF

撮影	天方晴子、加藤貴史、川島英嗣、坂元俊満、佐藤克秋、安河内 聡
デザイン	芝 晶子、西田寧々（文京図案室）
取材・編集協力	坂根涼子、笹木理恵、佐藤良子、布施 恵、諸隈のぞみ
校正	大畑加代子
編集	黒木 純、一井敦子

國家圖書館出版品預行編目資料

不設限.三明治：17家麵包坊&三明治專賣店
獨創食譜135 / 柴田書店編著；羅淑慧譯. --
初版. -- 新北市：瑞昇文化事業股份有限公司,
2025.03
208面 ; 19x25.7公分
ISBN 978-986-401-812-3(平裝)

1.CST: 速食食譜

427.14　　　　　　　　　　　　114000793

國內著作權保障，請勿翻印／如有破損或裝訂錯誤請寄回更換
SHIN SANDWICH : BAKERY TO SANDWICH SEMMONTEN NO SPECIAL
NA RECIPE143
edited by SHIBATA PUBLISHING Co., Ltd.
Copyright © SHIBATA PUBLISHING C o ., L td 2023
Chinese translation rights in complex characters arranged with
SHIBATA PUBLISHING Co., Ltd.
through Japan UNI Agency, Inc., Tokyo